U0179574

高职高专土木与建筑规划教材

建筑工程制图与 CAD

李　颖　鹿岚清　主编

清华大学出版社
北京

内 容 简 介

全书内容丰富，章节编排由浅入深，融制图知识与计算机绘图知识于一体，将计算机绘图作为一种绘图工具，建立以建筑制图知识与计算机绘图知识同步进行的教学体系，并结合大量工程实际案例介绍了民用建筑的建筑施工图和结构施工图的识读。采用理论知识与实际操作相结合、模型与多媒体相结合的教学方法，使抽象的概念、复杂的术语变为可视、可记、可感、可知的知识，以充分调动学生的学习积极性。

本书内容共 13 章，分别是制图基本知识，投影，形体基本元素的投影，建筑形体的投影，建筑形体的常用表达方法，轴测投影，建筑工程图的识读，AutoCAD 图层概念，二维绘图命令，二维图形编辑，辅助绘图、标注编辑文字，创建图块，应用 AutoCAD 绘制建筑工程图样等内容。

本书可作为高职高专建筑工程技术专业等土建施工类专业、建筑装饰工程技术等建筑设计类专业、工程管理类专业、城镇规划专业等相关专业的教材，也可作为职业教育、成人教育土建类及相关专业的教材，还可供从事土建类及相关专业的技术工作人员参考。

图书在版编目(CIP)数据

建筑工程制图与 CAD /李颖，鹿岚清主编. —北京：清华大学出版社，2020.1（2023.9重印）
高职高专土木与建筑规划教材
ISBN 978-7-302-54530-9

Ⅰ. ①建… Ⅱ. ①李… ②鹿… Ⅲ. ①建筑制图—AutoCAD 软件—高等职业教育—教材
Ⅳ. ①TU204.1-39

中国版本图书馆 CIP 数据核字(2019)第 290371 号

责任编辑：石　伟　桑任松
装帧设计：刘孝琼
责任校对：周剑云
责任印制：杨　艳
出版发行：清华大学出版社
网　　　址：http://www.tup.com.cn, http://www.wqbook.com
地　　　址：北京清华大学学研大厦 A 座　　　邮　　编：100084
社 总 机：010-83470000　　　　　　　　　　邮　　购：010-62786544
投稿与读者服务：010-62776969, c-service@tup.tsinghua.edu.cn
质量反馈：010-62772015, zhiliang@tup.tsinghua.edu.cn
课件下载：http://www.tup.com.cn, 010-62791865
印 装 者：三河市科茂嘉荣印务有限公司
经　　销：全国新华书店
开　　本：185mm×260mm　　印　张：14.75　　字　数：352 千字
版　　次：2020 年 3 月第 1 版　　　　　　印　次：2023 年 9 月第 7 次印刷
定　　价：49.00 元

产品编号：082658-01

前　　言

在新时期我国建筑业转型升级的大背景下，按照"对接产业、工学结合、提升质量，促进职业教育链深度融入产业链，有效服务区域经济发展"的职业教育发展思路，为全面推进高等职业院校建筑工程类专业教育教学改革，促进高端技术技能型人才的培养，我们通过充分地调研和论证，在总结吸纳国内优秀高职高专教材建设经验的基础上，组织编写和出版了本书。

本书是以职业活动为导向，突出课程的能力目标，以学生为主体，以素质为基础，以项目、任务为主要载体，以实训为手段，将知识传授、能力素质培养有效结合的知识、理论、实践一体化的教材。目前，建筑 CAD 在我国建筑工程设计领域已经占据了主导地位，它的影响力可以说无处不在。本书在编写过程中总结了多年的教学经验，认真研究了建筑制图与 CAD 的教学规律，吸收了企事业单位先进的制图技术和经验，并以职业教育的要求为指导，编写了本书。

为了能更好地丰富学生的学习内容并激发学生的学习兴趣，本书每章均添加了大量针对不同知识点的案例，结合案例和上下文可以帮助学生更好地理解所学内容，同时每章均配有实训工单，让学生及时做到学以致用。

本书与同类书相比具有下述显著特点。

(1) 新，穿插案例，清晰明了，形式独特。

(2) 全，知识点分门别类，包含全面，由浅入深，便于学习。

(3) 系统，知识讲解前后呼应，结构清晰，层次分明。

(4) 实用，理论和实际相结合，举一反三，学以致用。

(5) 赠送：除了必备的电子课件、教案、每章习题答案及模拟测试 AB 试卷外，还相应地配套有大量的讲解音频、动画视频、三维模型、扩展图片等，以扫描二维码的形式再次拓展钢结构的相关知识点，力求让初学者在学习时最大化接受新知识，最快、最高效地达到学习目的。

本书由黄河水利职业技术学院李颖任第一主编，由山东省城市服务技师学院鹿岚清任第二主编，参加编写的还有三门峡职业技术学院王毅，黄河科技学院郭华伟，陕西渭南轨道交通运输学校李迪迪，中建桥梁有限公司李铁龙，长江工程职业技术学院郭丽朋，新乡学院土木工程与建筑学院毛戎。其中王毅负责编写第 1~2 章，郭华伟负责编写第 3 章，鹿岚清负责编写第 4 章、第 7 章，李迪迪负责编写第 5 章，李铁龙负责编写第 6 章，李颖负责编写第 8~11 章，郭丽朋负责编写第 12 章，毛戎负责编写第 13 章，并由李颖对全书进行统筹。在此对在本书编写过程中的全体合作者和帮助者表示衷心的感谢！

本书在编写过程中，得到了许多同行的支持与帮助，在此一并表示感谢。由于编者水平有限和时间紧迫，书中难免有错误和不妥之处，望广大读者批评指正。

编　者

目　　录

建筑工程制图与 CAD　建筑工程制图与 CAD
A 卷.docx　　　　　B 卷.docx

第 1 章课件.pptx

第 1 章 制图基本知识

【教学目标】

- 了解常用制图工具仪器的使用和保养方法
- 掌握制图标准
- 掌握用制图工具仪器绘制建筑图样的方法
- 认识各种制图工具、仪器

【教学要求】

本章要点	掌握层次	相关知识点
制图基本规定	了解图纸幅面规格、图线、字体、比例、尺寸标注	制图规定
常用制图工具	熟悉制图用的图板、丁字尺、三角板等	制图工具
制图的方法和步骤	掌握具体的制图方法和步骤	制图方式

【引子】

近几年来，计算机制图在理论及技术上的重大突破与普及，对传统的工程图学理论及实践体系带来了强大冲击，但同时也给工程图学提供了难得的机遇。此时，回顾工程图学的发展轨迹，将有助于认清方向、把握机遇。

1.1 制图基本规定

1.1.1 图纸的幅面规格

制图基本知识.mp4

图纸幅面简称图幅，指由图纸的宽度和长度组成的图面，即图纸的有效范围，通常用细实线绘出，称为图纸的幅面线或边框线，基本幅面尺寸及图纸边框尺寸见表 1-1。如果基本幅面不能满足绘图时布图的需要，可采用加长幅面。加长幅面一般由基本幅面的长边加上 A4 的短边或长边的整数倍而形成，如 297×630 即 297×(420+210)，841×1783 即 841×(1189+2×297)等，需要时，可查阅有关规定。

表 1-1　基本幅面尺寸及图纸边框尺寸(单位: mm)

幅面代号	A0	A1	A2	A3	A4
$B \times L$	841×1189	594×841	420×594	297×420	210×297
a	25				
c	10			5	

1.1.2　图线

图线的基本线型有 15 种: 实线、虚线、间隔画线、点画线、双点画线、三点画线、点线、长画短画线、长画双短画线、画点线、双画单点线、画双点线、双画双点线、画三点线、双画三点线。为了使图纸主次分明, 绘图时需要用到不同规格的线宽和线型来表达设计的内容。

(1) 粗线宽度 b 为图线的基本线宽, 按图样的复杂程度在 0.35mm、0.5mm、0.7mm、1mm、1.4mm、2mm 数系中选择。所有线型的图线都可分为粗线、中粗线和细线三种, 其宽度比率为 4∶2∶1。当选定粗线宽度 b 后, 则同一图样中的中粗线宽为 0.5b、细线宽为 0.25b。在同一图样中, 同类图线的宽度应基本一致。

(2) 在制图时, 图线的画法应尽量做到粗细分明、均匀光滑、清晰整齐、交接正确。虚线、点画线与同类型或其他线相交时, 均应交于线段处; 虚线为实线的延长线时, 不得与实线连接; 两条平行线之间的最小间隙不得小于 0.7mm, 见表 1-2。

音频: 图线.mp3。

表 1-2　图线名称、线型、宽度及用途

图线名称		线　型	宽　度	一般用途
实线	粗	——————————	b	主要可见轮廓线
	中	——————————	0.5b	可见轮廓线
	细	——————————	0.25b	可见轮廓线、图例线
虚线	粗	— — — — — —	b	见有关专业制图标准
	中	— — — — — —	0.5b	不可见轮廓线
	细	— — — — — —	0.25b	不可见轮廓线、图例线
单点长画线	粗	—— · —— · ——	b	见有关专业制图标准
	中	—— · —— · ——	0.5b	见有关专业制图标准
	细	—— · —— · ——	0.25b	中心线、对称线等
双点长画线	粗	—— ·· —— ·· ——	b	见有关专业制图标准
	中	—— ·· —— ·· ——	0.5b	见有关专业制图标准
	细	—— ·· —— ·· ——	0.25b	假想轮廓线、成型前原始轮廓线
折断线		——／\／———	0.25b	断开界线
波浪线		～～～～	0.25b	断开界线

1.1.3 字体

工程图中的文字必须遵循下列规定。

(1) 图样中书写的文字、数字、符号等必须做到字体端正、笔画清楚、排列整齐；标点符号清楚正确。

(2) 文字的高度应从如下系列中选用：2.5mm、3.5mm、5mm、7mm、10mm、14mm、20mm。

(3) 图样及说明中的汉字宜采用长仿宋体，其字高不得小于 3.5mm。汉字的简化书写应符合国务院公布的《汉字简化方案》和有关规定。长仿宋体汉字示例如图 1-1 所示。

10号字
字体端正笔画清楚排列整齐
7号字
横平竖直注意起落结构均匀填满方格

音频：工程图中的文字格式要求.mp3

图 1-1　长仿宋体汉字示例

(4) 字母和数字可写成斜体或直体(常用斜体)。斜体字字头向右倾斜，与水平线成75°。

(5) 数量的数值注写应采用正体阿拉伯数字，如 8 层楼、③号钢筋等。各种计量单位凡前面有量值的，均应采用国家颁布的单位符号注写，单位符号应采用正体字母，如 20mm、30℃、5km 等。

(6) 分数、百分数及比例的注写，应采用阿拉伯数字和数字符号，如 3/4、25%、1：20 等。

(7) 当注写的数字小于 1 时，必须写出个位的"0"，小数点应采用圆点，对齐基准线书写，如-0.020、±0.000 等。

1.1.4 比例

绘制图样时所采用的比例是比例、数量之间的对比关系，或指一种事物在整体中所占的分量，其还是技术制图中的一般规定术语，是指图中图形与其实物相应要素的线性尺寸之比。在数学中，比例是一个总体中各个部分的数量占总体数量的比重，用于反映总体的构成或者结构。两种相关联的量，一种量发生变化，另一种量也随之变化。

比值为 1 的比例称为原值比例，比值大于 1 的比例称为放大比例，比值小于 1 的比例称为缩小比例。需要按比例绘制图样时，应从比例表规定的系列中选取适当的比例，见表 1-3。

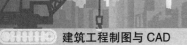

表 1-3　比例表

种　类	比　例
常用比例	10∶1、5∶1、2∶1、1∶1、1∶2、1∶5、1∶10、1∶20、1∶50、1∶100、1∶150、1∶200、1∶500、1∶1000、1∶2000、1∶5000、1∶10000、1∶20000
可用比例	8∶1、4∶1、3∶1、2.5∶1、1∶3、1∶4、1∶6、1∶15、1∶25、1∶30、1∶40、1∶60、1∶80、1∶250、1∶300、1∶400、1∶600

不论绘图比例如何，标注尺寸时必须标注工程形体的实际尺寸，如图 1-2 所示。

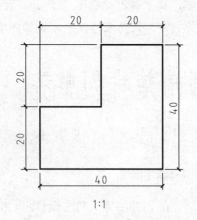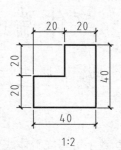

图 1-2　依据不同比例画出的图形

比例宜注写在图名的右侧，字的基准线应取平；比例的字高宜比图名的字高小一号或两号，如图 1-3 所示。

平面图 1∶100

图 1-3　比例注写示意图

1.1.5　尺寸标注

1. 尺寸标注的概念

尺寸标注图形主要表达工程形体的形状及结构，而工程形体的大小通常由标注的尺寸确定。标注尺寸是一项极为重要的工作，必须认真细致。如果尺寸有遗漏或错误，将会给施工带来困难和损失。

2. 尺寸的组成

一个完整的尺寸一般应包括尺寸界线、尺寸线、尺寸起止符号和尺寸数字四个部分，如图 1-4(a)所示。

音频：尺寸的组成.mp3

(1) 尺寸界线。

尺寸界线应用细实线绘制，一般应与备注长度垂直，其一端应离开图样轮廓线不小于2mm，另一端宜超出尺寸线2～3mm。必要时，图样轮廓线或中心线也可用作尺寸界线。

(2) 尺寸线。

尺寸线也用细实线绘制，应与被注长度平行。图样本身的任何图线均不得用作尺寸线。

(3) 尺寸起止符号。

尺寸起止符号一般应用中粗斜短线绘制，其倾斜方向应与尺寸界线呈顺时针45°角，长度宜为2～3mm，如图 1-4(b)所示。半径、直径、角度与弧长的尺寸起止符号宜用箭头表示。

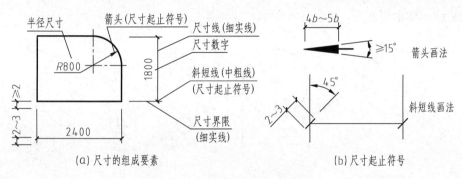

图 1-4　尺寸的组成标注示例

(4) 尺寸数字。

图样上的尺寸应以尺寸数字为准，不应从图上直接量取；所注写的尺寸数字与绘图所选用的比例及作图准确性无关。图样上的长度尺寸单位，除标高及总平面图以米为单位外，都应以毫米为单位。因此，图样上的长度尺寸数字不需注写单位。

尺寸数字的方向，应按图 1-5(a)的规定注写。若尺寸数字在 30°斜线区内，宜按图 1-5(b)所示的形式注写。尺寸数字一般应依据其方向注写在靠近尺寸线的上方中部，如没有足够的注写位置，最外边的尺寸数字可注写在尺寸界线的外侧，中间相邻的尺寸数字可错开注写，也可引出注写，如图 1-5(c)所示。

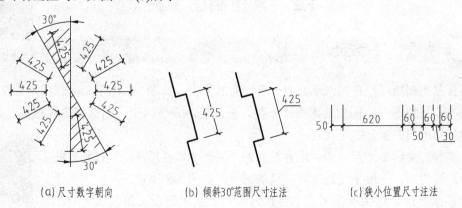

图 1-5　尺寸数字的注写方向及位置

3. 尺寸的排列与布置

尺寸宜标注在图样轮廓线以外，不宜与图线、文字及符号等相交；如果图线不得不穿过尺寸数字时，应将尺寸数字处的图线断开。

互相平行的尺寸线，应从被注的图样轮廓线由近向远整齐排列，小尺寸应离轮廓线较近，大尺寸应离轮廓线较远。图样轮廓线以外的尺寸线距图样最外轮廓线之间的距离不宜小于 10mm。平行排列的尺寸线的间距宜为 7～10mm，并保持一致。

4. 直径、半径、角度的标注

大于半圆的圆弧或圆应标注直径，小于或等于半圆的圆弧应标注半径。标注角度时，尺寸数字应一律水平注写，如图 1-6 所示。

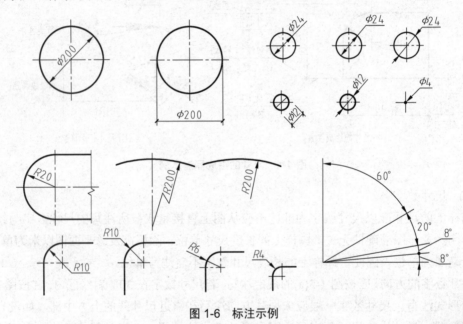

图 1-6　标注示例

1.2　常用制图工具

1.2.1　图板、丁字尺

图板是指制图时垫在图纸下面有一定规格的木板，如图 1-7 所示。其作用是方便绘图，尤其是在室外绘图时，图板要求表面平整，重量轻，方便携带。图板有多种规格，具体选择哪种规格应根据实际情况而定。

丁字尺，又称 T 形尺，为一端有横档的"丁"字形直尺，由互相垂直的尺头和尺身构成，一般采用透明有机玻璃制作，如图 1-8 所示。常在工程设计绘制图纸时配合绘图板使用。丁字尺为画水平线和配合三角板作图的工具，一般可直接用于画平行线或用作三角板的支承物来画与直尺成各种角度的直线，丁字尺一般有 600mm、900mm、1200mm 三种规格。

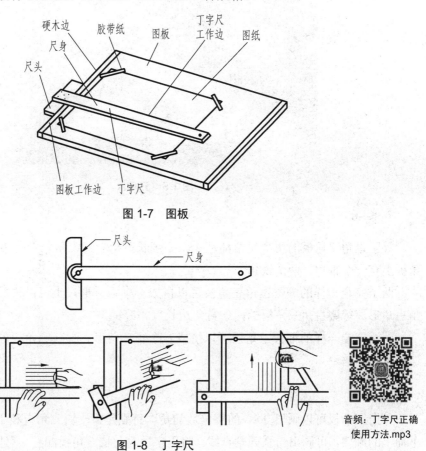

图 1-7　图板

图 1-8　丁字尺

丁字尺的正确使用方法如下所述。

(1) 应将丁字尺尺头放在图板的左侧，并与边缘紧贴，可上下滑动使用。

(2) 只能在丁字尺尺身上侧画线，画水平线必须自左至右。

(3) 画同一张图纸时，丁字尺尺头不得在图板的其他各边滑动，也不能画垂直线。

(4) 过长的斜线可用丁字尺来画。

(5) 较长的直平行线组也可用具有可调节尺头的丁字尺来画。

(6) 应保持工作边平直、刻度清晰准确、尺头与尺身连接牢固，不能用工作边来裁切图纸。

(7) 丁字尺放置时宜悬挂，以保证丁字尺尺身的平直。

1.2.2　三角板

三角板是学数学、量角度的主要制图工具之一。每副三角板由两个特殊的直角三角形组成，一个是等腰直角三角板，另一个是特殊角的直角三角板，如图 1-9 所示。

三角板.mp4

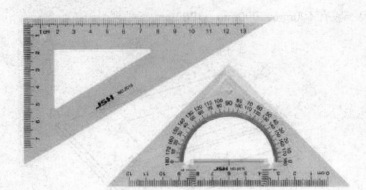

图1-9 三角板

1. 特点

等腰直角三角板的两个锐角都是45°。细长三角板的锐角分别是30°和60°。一块三角板上有一个直角，两个锐角。

两个完全一样的等腰直角三角板可以拼成一个正方形，也可以拼成一个更大的等腰直角三角形。等腰直角三角板的两条直角边长度相等。

两个完全一样的细长三角板可以拼成一个正三角形。细长三角板的斜边长度是短直角边长度的两倍。

2. 用途

使用三角板可以画出15°的整倍数的角。特别是将一块三角板和丁字尺配合，按照自下而上的顺序，可画出一系列垂直线。将丁字尺与一块三角板配合，可以画出30°、45°、60°的角。画图时通常按照从左向右的原则绘制斜线。用两块三角板与丁字尺配合可画出15°、75°的斜线。用两块三角板配合，可以画出任意一条图线的平行线。两块三角板拼凑可画出75°、105°、120°、150°、135°的角。

1.2.3 建筑模板

建筑模板是一种临时性支护结构，按设计要求制作，使混凝土结构、构件按规定的位置、几何尺寸成形，保持其正确位置，并承受建筑模板自重及作用在其上的外部荷载。施工过程中使用模板的目的，是保证混凝土质量与施工安全、加快施工进度和降低工程成本。

现浇混凝土结构工程施工用的建筑模板结构主要由面板、支撑结构和连接件三部分组成。面板是直接接触新浇混凝土的承力板；支撑结构则是支承面板、混凝土和施工荷载的临时结构，保证建筑模板结构牢固地组合，连接件是将面板与支撑结构连接成整体的配件。建筑模板是混凝土浇筑成形的模壳和支架，按材料的性质可分为建筑模板、建筑木胶板、覆膜板、多层板、双面覆胶、双面覆膜建筑模板等。建筑模板按施工工艺条件可分为现浇混凝土模板、预组装模板、大模板、跃升模板等。

组合式钢模板是现代模板技术中，具有通用性强、装拆方便、周转次数多等优点的一种"以钢代木"的新型模板，用它进行现浇钢筋混凝土结构施工，可事先按设计要求组拼成梁、柱、墙、楼板的大型模板，整体吊装就位，也可采用散装散拆方法。

根据制作材料与用途的不同，建筑模板大致可分为下述不同类型。

(1) 大型钢木(竹)组合模板。

(2) 多功能混凝土模板。

(3) 防渗漏建筑模板。

(4) 多功能建筑拼块模板。

(5) 房屋建筑模板及其相关方法。

(6) 复合材料建筑定型模板。

(7) 复合建筑模板。

(8) 复合建筑模板及其加工工艺。

(9) 复合塑料建筑模板(采用再生塑料制造符合再回收使用资源)。

(10) 改良结构的建筑用组合式模板钢化材料。

(11) 钢化玻璃组合大模板。

(12) 钢筋混凝土构件成型组合模板。

(13) 钢框竹木胶合板大模板。

(14) 工程施工用轻体模板。

(15) 化学建筑模板的生产工艺及化学配方。

建筑模板是混凝土结构工程施工的重要工具。专家指出，在现浇混凝土结构工程中，模板工程一般占混凝土结构工程造价的 20%～30%，占工程用工量的 30%～40%，占工期的 50%左右。模板技术直接影响工程建设的质量、造价和效益，因此它是推动我国建筑技术进步的一个重要内容。

1.2.4 曲线板

曲线板也称云形尺，是一种内外均为曲线边缘的薄板，主要用来绘制曲率半径不同的非圆自由曲线。曲线板一般采用木料、胶木或赛璐珞制成，大小不一，无正反面之分，多用于服装设计、美术漫画等领域，也少量地用于工程制图。在绘制曲线时，凑取板上与所拟绘曲线某一段相符的边缘，用笔沿该段边缘移动，即可绘出该段曲线。除曲线板外，也可用由可塑性材料和柔性金属芯条制成的柔性曲线尺(通常称为蛇形尺)绘制曲线。

曲线板的缺点在于没有标示刻度，不能用于曲线长度的测量。曲线板在使用一段时间后，边缘会变得凹凸不平，画出来的线不够圆滑，会破坏整个画面效果，如图 1-10 所示。

为保证线条流畅、准确，应先按相应的制图方法定出所需画的曲线上足够数量的点，然后用曲线板连接各点。需要注意的是应采用曲线段首尾重叠的方法，这样绘制的曲线比较光滑。一般的步骤如下。

图 1-10　蛇形尺

（1）按相应的制图方法画出曲线上一些点。

（2）用铅笔徒手将各点依次连成曲线，作为稿线的曲线不宜过粗。

（3）从曲线一端开始选择曲线板与曲线相吻合的四个连续点，找出曲线板与曲线相吻合的线段，用铅笔沿其轮廓画出前三点之间的曲线，留下第三点与第四点之间的曲线不画。

（4）继续从第三点开始，包括第四点，绘制第二段曲线，从而使相邻曲线段之间存在过渡。如此重复，直至绘制完成整段曲线。

1.2.5　圆规和分规

圆规用于画圆及圆弧。使用前应先调整针脚，使针脚带阶梯的一端向下，并使针尖稍长于铅芯，如图 1-11 所示。

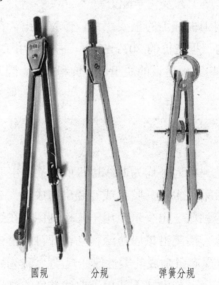

圆规，分规.mp4

圆规　　　分规　　　弹簧分规

图 1-11　圆规和分规

分规是用来截取线段、量取尺寸和等分线段或圆弧线的绘图工具，上端铰接在一起，下端均为针脚，可随意分开或合拢，以调整针尖间的距离。

分规分为普通分规和弹簧分规两种。

使用分规时应注意的事项有下述两点。

(1) 量取等分线时，应使两个针尖准确落在线条上，不得错开。

(2) 普通的分规应调整到不紧不松、容易控制的工作状态上。

1.3 制图的方法和步骤

手绘制图.pdf

1.3.1 绘图准备

开始绘图与刚开始学习写字一样，正确的方法和习惯将直接影响作图的质量及效率。制图之前应做好下述各项准备工作。

(1) 准备好所需的全部制图用具，擦干净图板、丁字尺、三角板。

(2) 削磨铅笔、铅芯(通常应于课前进行，随时使绘图工具处于备用状态)。

(3) 分析了解所绘对象，根据所绘对象的大小选择合适的图幅及绘图比例。

(4) 固定图纸。通常可将图板划分为作图区、丁字尺区、样图区和工具区，图纸应尽量固定于图板的左下方，但下方应留出放丁字尺的位置。固定图纸时首先用透明胶带贴住图纸的一个角，然后以丁字尺校正图纸(丁字尺与图纸边线或图框线对齐)，再固定其余三个角。

1.3.2 用铅笔绘制底稿

本阶段的工作是确定所绘对象在图纸上的确切位置，这是保证绘图正确、高效、准确的重要步骤。通常不分线型，全部采用超细实线(比细实线更细且轻)绘制。

(1) 绘制图纸幅面线(也称边框线)、图框线和标题栏框线。

(2) 布图是使所绘对象处于图纸的适当位置。

(3) 绘制重要的基准线、轴线、中心线等。

(4) 绘制已知线段及已知圆弧。

(5) 制图求解，绘制中间线段、连接线段。如圆弧连接，则需求出各中间弧及连接弧的圆心和切点。

(6) 对照原图检查、整理全图，将不需要的作图过程线擦去。如果发现与原图形状不符，应找出原因，并及时改正。

1.3.3 区分图线、上墨或描图

本阶段工作是加深、整理，也是表现作图技巧、提高图面质量的重要阶段。所绘的全部内容都将是图纸的最终结果，故应认真细致，一丝不苟。

加深的原则是先细后粗，先曲后直；从上至下，从左至右。

图线要求是线型正确、粗细分明、均匀光滑、深浅一致。

图面要求是布图适中，整洁美观，字体、数字符合标准规定。

具体步骤如下所述。

(1) 加深图中的全部细线，包括轴线、中心线、虚线等。

(2) 加粗圆弧，圆弧与圆弧相接时应顺次进行。

(3) 用丁字尺从上至下加粗水平直线，到图纸最下方后应刷去图中的碳粉，并擦净丁字尺。

(4) 用三角板与丁字尺配合，从左至右加粗垂直方向的直线，到图纸最右方后刷去图中的碳粉，并擦净三角板。

(5) 加粗斜线。

(6) 一次性绘出标题栏内分格线、剖面线、尺寸界线、尺寸线及尺寸起止符号等。填写尺寸数据、符号、文字及标题栏。

(7) 检查、整理全图，擦去图中不需要的线条，擦净图中被弄脏的部分，如发现错误应及时修改。

(8) 取下图纸，去掉透明胶带，完成制图。

1.3.4 注意事项

在画图时一定要注意细节问题，并保持画面的整洁。

1. 总体概念

1) 住宅类

(1) 7 层及 7 层以上住宅，或最高住户入口楼面距室外设计地面高度超过 16 米的住宅必须设置电梯，顶层为跃层时作一层计。

(2) 12 层及 12 层以上住宅应设不少于两台电梯，其中一台能容纳担架。

(3) 单元式住宅疏散楼梯：11 层及其以下可不封闭，但开向楼梯间的房门应设乙级防火门且应直接采光通风；12 层至 18 层应设封闭楼梯间；19 层及其以上应设防烟楼梯间。

(4) 通廊式住宅，不超过 11 层的应封闭，超过 11 层的应防烟。

2) 公建类

(1) 病房楼、有空调系统的多层旅馆和超过 5 层的其他公共建筑，其室内疏散楼梯间均应设置封闭楼梯间(包括底层扩大封闭楼梯间)。

(2) 二、三层建筑(医疗、托幼除外)一、二级耐火，每层面积不大于 500m^2，二、三层人数不超过 100 人时可设一个疏散楼梯。

建筑施工图中应注意的问题：无论图纸怎么变换，图纸标签大小固定不变。

2. 总图

(1) 注明图纸比例。图纸比例一般为 1∶500、1∶1000。指北针、总平面图的标识一定要标明。主要技术经济指标包括规划总用地面积、总建筑面积、建筑基底面积、建筑密度、绿化率、容积率等，图例中的拟建建筑要用粗线标明。

(2) 应注明黄海高程。

(3) 应注明坐标值。

3. 关于底层

(1) 应注明室外台阶、坡道、明沟、室内外标高。

(2) 底层若设车库，其外墙门洞口上方应设防火挑檐，楼梯间等公共出入口等。

(3) 住宅公共出入口位于开敞楼梯平台下部，应设置雨罩等防止物体坠落伤人的安全措施。

(4) 散水宽度 L 宜为 600～1000mm，坡度可为 3%～5%，一般取 5%；散水与外墙之间宜设缝，缝宽可为 20～30mm，缝内应填沥青类材料。

(5) 明沟宽度一般在 300mm 左右，图集取 300mm 或 250mm。套用省标图集应注明深度 H 的值(单个工程 H=300mm)。沟底应有 0.5% 左右的纵坡。

(6) 勒脚的高度一般为室内地坪与室外地坪的高差，也可以根据立面的需要提高勒脚的高度。

4. 关于标准层

(1) 应注明楼面标高；卫生间、阳台降低的标高。

(2) 门窗代号及编号标注方法：门窗按其开启形式冠以拼音字母，代号如下：M-门、G-固定式、T-推拉式、P-平开式、C-窗、S-上悬式、H-滑撑式、DM-弹簧门、正-顺时针、反-逆时针等。

 本章小结

本章主要介绍工程图样绘制所涉及的中华人民共和国国家标准《技术制图》及《房屋建筑图统一标准》中有关图纸幅面、比例、字体、图线及尺寸标注等方面的基本规范，它是工程技术图样必须遵循的标准。同时，还介绍了常用绘图工具的使用方法、绘图的基本方法、步骤以及手工绘图的基本技能、技巧。力图使学生了解绘制工程图样的基本规范，并得到规范手工绘图的基本训练。

 实训练习

一、单选题

1. A1 号横式幅面图纸，其绘图区的图框尺寸(宽和长)为(　　)。

    A. 594mm×841mm   B. 574mm×831mm

    C. 420mm×594mm   D. 574mm×806mm

2. 尺寸界线应与被注长度垂直，其一端应离开图样轮廓线不小于(　　)。

A. 10mm   B. 6mm   C. 4mm   D. 2mm

3. 尺寸宽×长为297×420(单位：mm)的图纸幅面代号为(　　)。

     A. A1   B. A2   C. A3   D. A4

4. 在建筑立面图中，表示建筑物的外轮廓用(　　)。

     A. 特粗实线   B. 粗实线   C. 中实线   D. 细实线

5. 工程中的图纸幅面通常有(　　)。

     A. 2种   B. 3种   C. 4种   D. 5种

二、多选题

1. 加深、整理是表现制图技巧、提高图面质量的重要阶段。所绘的全部内容都将是图纸的最终结果，加深的原则是(　　)。

     A. 先细后粗，先曲后直   B. 直接画粗线，先曲后直

     C. 从上至下，从左至右   D. 从左至右，从下至上

     E. 以上答案都对

2. 加深、整理是表现制图技巧、提高图面质量的重要阶段。所绘的全部内容都将是图纸的最终结果，图线要求(　　)。

     A. 线型正确   B. 粗细分明   C. 均匀光滑

     D. 深浅一致   E. 以上答案都不对

3. (　　)的住宅必须设置电梯，顶层为跃层时作一层计。

     A. 7层及7层以上   B. 6层及6层以上   C. 15米以上的建筑

     D. 16米的建筑   E. 没有答案

4. 12层及12层以上住宅应设(　　)。

     A. 至少一台电梯   B. 至少有两台电梯   C. 至多有两台电梯

     D. 电梯必须能容纳担架   E. 以上答案都不对

5. 开始绘图与刚开始学习写字一样，正确的方法和习惯将直接影响制图的质量及效率。制图之前应做好哪些准备工作? (　　)

     A. 准备好所需的全部制图用具，擦净图板、丁字尺、三角板

     B. 削磨铅笔、铅芯(通常应于课前进行，随时使绘图工具处于备用状态)

     C. 分析了解所绘对象，根据所绘对象的大小选择合适的图幅及绘图比例

     D. 固定图纸

     E. 以上答案都对

三、简答题

1. 图纸规格有什么要求?

2. 制图有哪些步骤?

3. 什么叫断面图?

第1章课后答案.docx

实训工作单

班级		姓名		日期	
教学项目		建筑识图制图具体实操作图			
任务	建筑平面图：A3 图纸作图两份，A1 图纸作图一份		制图工具		画板、丁字尺、铅笔、橡皮、图纸等
相关知识			制图识图基础知识		
其他要求					

绘制流程记录

评语			指导教师	

第2章课件.pptx

第 2 章　投　影

投影.mp4

【教学目标】

- 了解投影的概念和分类
- 了解投影的基本知识
- 掌握三面投影图的相关知识点
- 掌握三面投影图的制图方法

【教学要求】

本章要点	掌握层次	相关知识点
投影法的分类	1.投影的概念 2.投影法的分类	1.投影的具体概念 2.投影的分类情况
投影的基本知识	1.三面投影图的形成 2.建筑形体投影 3.组合体投影	1.三面投影的形成 2.基本形体投影
三面投影图	1.三面投影体系 2.三面投影图的作图方法 3.三视图的特性	1.三面投影图的基本体系 2.具体制图的方法步骤 3.基本特点

【引子】

据《汉书·外戚传》记载：汉武帝最宠爱的妃子李夫人死后，汉武帝伤心欲绝、朝思暮想。道士李少翁知道汉武帝日夜思念已故的李夫人，便说他能够把夫人请回来与皇上相会。汉武帝十分高兴，遂宣李少翁入宫施法术。

李少翁要了李夫人生前的衣服，准备净室，中间挂着薄纱幕，幕里点着蜡烛，果然，通过灯光的照映，李夫人的影子投在薄纱幕上，只见她侧着身子慢慢地走过来，但一下子就在纱幕上消失了，实际上，李少翁表演的是一出灯影戏。

汉武帝看到李夫人的影子，对李夫人更加思念。写下《伤悼李夫人赋》："是邪，非邪？立而望之，偏何姗姗其来迟。"并令宫中乐府的乐师谱曲演唱，李少翁因表演灯影戏，在纱幕上再现李夫人的形象，被封为文成将军，这大概是关于投影的最早记载，本节就来介绍一下投影的基本知识。

2.1 投影、投影法的分类

光线照射物体，在墙面或地面上就会产生影子，影子只能反映物体的外形轮廓，而不能表达出物体的形状和内部结构，这就是日常生活中经常看到的影子现象。人们对这种自然现象进行科学的归纳总结，逐步形成了用投影来表示物体形状和大小的方法，即投影法。

2.1.1 投影的概念

当物体在光线的照射下，地面或者墙面上会形成物体的影子，随着光线照射的角度以及光源与物体距离的变化，其影子的位置与形状也会发生变化。人们从光线、形体与影子之间的关系中，经过科学的归纳总结，形成了形体投影的原理以及投影制图的方法。

光线照射物体产生的影子可以反映出物体的外形轮廓。光线照射物体将使物体的各个顶点和棱线在平面上产生影像，物体顶点与棱线的影像连线就可组成一个能够反映物体外形形状的图形，这个图形就是物体的影子。

在投影理论中将物体称为形体，表示光线的线称为投射线，光线的照射方向称为投射线的投射方向，落影的平面称为投影面，产生的影子称为投影。用投影表示形体的形状与大小的方法称为投影法，用投影法画出的形体图形称为投影图。

形体产生投影必须具备三个条件：形体、投影面与投射线，三者缺一不可，统称为投影三要素。

2.1.2 投影法的分类

投影可分为中心投影法与平行投影法两大类，这两种方法的主要区别是形体与投射中心距离的不同。

投影法的分类.pdf

1. 中心投影法

当投射中心与投影面的距离有限远时，所有的投射线均从投射中心一点 S 发出，所形成的投影称为中心投影，这种投影的方法被称之为中心投影法，如图 2-1 所示。

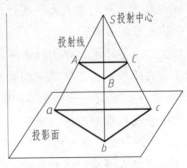

图 2-1 中心投影图

音频：投影法的分类.mp3

中心投影的大小由投影面、空间形体以及投射中心之间的相对位置确定，当投影面和投射中心的距离确定后，形体投影的大小随着形体与投影面的距离发生变化。中心投影法制出的投影图，无法准确反映形体尺寸的大小，度量性较差。

2. 平行投影法

当投射中心距离形体无穷远时，投射线可以看作是一组平行线，这种投影方法被称之为平行投影法，所得的形体投影称为平行投影。根据投射线与投影面的相对位置不同，又可分为正投影法与斜投影法，如图 2-2 所示。

1) 正投影法

相互平行的投影线与投影面垂直的投影法称为正投影法。根据正投影法所画出的图形称为正投影图，简称正投影。

2) 斜投影法

相互平行的投影线与投影面倾斜的投影法称为斜投影法。根据斜投影法所画出的图形称为斜投影图，简称斜投影。

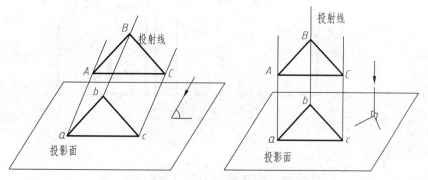

图 2-2　正投影和斜投影

2.2　工程图的种类

建筑工程图是用于表示建筑物的内部结构、外部形状，以及装修、构造、施工要求等内容的有关图纸。建筑工程图纸可分为建筑施工图、结构施工图、设备施工图。它是审批建筑工程项目的依据；在施工过程中，它是备料和施工的依据；当工程竣工时，要按照工程图的设计要求进行质量检查和验收，并以此评价工程质量优劣；建筑工程图还是编制工程概算、预算和决算及审核工程造价的依据；建筑工程图是具有法律效力的技术文件。

工程图的种类.pdf

音频：建筑工程图纸的种类.mp3

根据工程性质的不同，工程图纸也可以分为不同类型。采用平面图表达立体外形和尺寸时，一般都采用三视图的方法，即正视图、侧视图、俯视图。按照三视图的原理，建筑工程图纸可分为建筑平面图、立面图和剖面图三种，另外还包括建筑详图和结构施工图。建筑工程平面图可分为两大类，一类为总平面图，如图 2-3 所示，

另一类为表达一项具体工程的平面图。

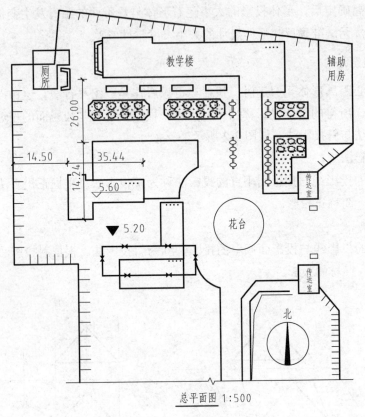

总平面图 1:500

图 2-3　总平面图

2.3　投影的基本知识

2.3.1　三面投影图的形成

在工程制图中常把物体在某个投影面上的正投影称为视图，相应的投射方向称为视向，包括正视、俯视、侧视。正视图，侧视图，俯视图，即是三面投影图。

正面投影、水平投影、侧面投影分别称为正视图、俯视图、侧视图；在建筑工程制图中则分别称为正立面图(简称正面图)、平面图、左侧立面图(简称侧面图)。物体的三面投影图总称为三视图或三面图，如图 2-4 所示。

一般不太复杂的形体，用其三面图就能将其表达清楚。因此三面图是工程中常用的图示方法。

(1) 画三面图时首先要熟悉形体，进行形体分析，

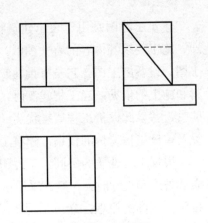

图 2-4　三视图

然后确定正视方向，选定制图比例，最后依据投影规律制作三面图。

(2) 对于一个物体可用三视投影图来表达它的三个面。这三个投影图之间既有区别又有联系，具体如下所述。

① 正立面图(正视图)：能反映物体的正立面形状以及物体的高度和长度，及其上下、左右的位置关系。

② 侧立面图(侧视图)：能反映物体的侧立面形状以及物体的高度和宽度，及其上下、前后的位置关系。

③ 平面图(俯视图)：能反映物体的水平面形状以及物体的长度和宽度，及其前后、左右的位置关系。

在三个投影图之间还有"三等"关系：正立面图的长与平面图的长相等、正立面图的高与侧立面图的高相等、平面图的宽与侧立面图的宽相等。

"三等"关系是绘制和阅读正投影图必须遵循的投影规律，通常情况下，三个视图的位置不应随意移动。

2.3.2 建筑基本形体的投影

在建筑工程中，建筑物及其构配件的形状虽然复杂，但都是由一些形状简单的几何体组合而成的，如棱柱、棱锥、圆柱、圆锥、球和圆环等，我们将其称为基本几何体，简称基本形体。

基本形体按其表面性质不同，可分为平面立体和曲面立体。把表面全部由平面围成的基本几何体称为平面立体，简称平面体。工程中常见的平面立体主要有棱柱、棱锥和棱台等，如图 2-5(a)所示。把表面全部或部分由曲面围成的基本几何体称为曲面立体，简称曲面体。工程中常见的曲面立体主要有圆柱、圆锥和圆球等，如图 2-5(b)所示。

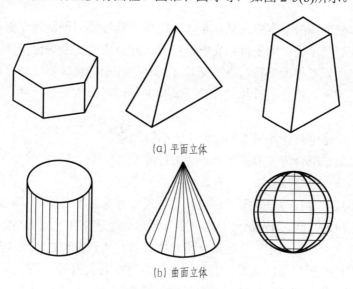

(a) 平面立体

(b) 曲面立体

图 2-5 基本形体

如图 2-6 所示为一个房屋建筑的模型，它被分解为两个四棱柱和一个五棱柱。因此，理解并掌握基本形体的投影知识，对认识和理解建筑物的投影规律，更好地掌握识图与制图技能很有帮助。

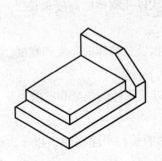
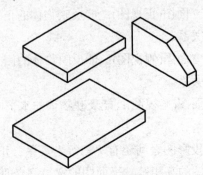

图 2-6　建筑形体及其分解

2.3.3　组合体的投影

组合体投影.pdf

顾名思义，组合体就是由基本立体组合而形成的立体，它是相对于基本立体而言的，因此，可以说除基本立体之外的一切立体都是组合体。

由此，称由一个或多个基本立体经叠加、切割等方式而形成的立体为组合体。这里的叠加、切割就是形成组合体的基本组合方式，而相邻表面之间还存在着对齐、相切和相交三种基本形式。

画组合体投影图的过程，就是在理解组合体的形成方式、各部分形状、结构的基础上，选定适当观察方位，正确、完整、清晰地表达组合体的过程。其制图过程就是运用形体分析法及线面分析法将空间形体进行平面图形化表达的过程，也是使复杂问题简单化的思维方法的具体体现。

绘制组合体投影图的基本要求是：正确，即尺寸标注时应严格遵守国家相关标准的规定，同时尺寸数据及单位必须正确；完整，即要求标注出能完全确定形体各部分形状大小及相对位置的尺寸，不得遗漏；清晰，即尺寸应标注在最能反映物体特征的位置上，且排布整齐、便于读图和理解。组合体尺寸根据其功能不同可分为定形尺寸、定位尺寸和总体尺寸三类。

定形尺寸：确定组合体各组成部分形状大小的尺寸。

定位尺寸：确定组合体各组成部分之间相对位置的尺寸。

总体尺寸：确定组合体总长、总宽、总高的尺寸。

在进行具体尺寸标注时，定形、定位及总体尺寸并非是绝对的，有时定形尺寸可具有定位的功能，而定位尺寸也可具有定形尺寸或总体尺寸的功能。尺寸本身是具有相对位置的量，确定尺寸相对位置的几何元素称之为尺寸基准。如圆心是圆的直径尺寸的基准，对称中心线是对称几何要素的尺寸基准，地面是楼房高度的基准等。为此，在进行物体尺寸标注时，首先应分别在物体的长、宽、高三个方向

音频：绘制组合体投影图的基本要求.mp3

各选择一个尺寸标注的主要基准。通常应选择组合体的对称平面、经过轴线或球心的平面、重要端面等作为尺寸标注的主要基准。同一方向只应有一个主要基准，但可以有一个或几个辅助基准。

2.3.4 剖面图

物体的内部结构在视图中只能用虚线来表达，若视图中的虚线过多，会影响物体表达的清晰程度，给读图和标注尺寸带来不便。为此，国家标准中给出了物体内部结构及形状的表达方法：剖面图及断面图。

用剖切面剖开物体，将处在观察者和剖切面之间的部分移去，而将其余部分向投影面投射所得到的图形，被称为剖面图。

用于剖切被表达物体的假想平面被称之为剖切面；剖切面与物体的接触部分被称之为剖切断面(图中画材料图例的部分)；指示剖切面位置的线被称之为剖切位置线(用粗短画表示，长度宜为 6～10mm)；指示投射方向的线被称之为投射方向线(垂直于剖切面位置线，用粗短画表示，长度宜为 4～6mm)，剖切位置线与投射方向线合起来被称之为剖切符号；剖切符号的编号宜采用阿拉伯数字(如有多处时，则按顺序由左向右、由下向上连续编排)，并标注在投射方向线的端部，绘制剖面图时，剖切符号不应与图中其他图线相接触，如图 2-7 所示。

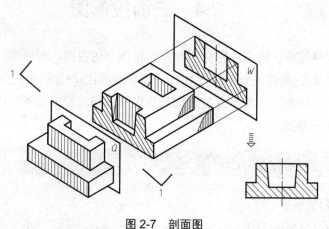

图 2-7 剖面图

2.3.5 断面图

用剖切面将物体的某处切断，仅画出该剖切面与物体接触部分的图形，被称为断面图。将断面图与剖面图进行比较可知，对仅需要表达断面形状的结构，采用断面图比剖面图表达更为简洁、方便。断面图常用于表达梁、柱、板等构件的断面形状。

断面图包括移出断面图和重合断面图两种。

1) 移出断面图

布置在视图之外的断面图，称为移出断面图。移出断面图一般应画在剖切线的延长线

上或其他适当位置，其轮廓线用粗实线绘制，如图 2-8 所示。

在移出断面图的下方应标注断面图的编号及名称，并在相应剖切位置画出剖切位置线(不画投射方向线，这是与剖面图标注的区别)，在投射方向的一侧标注断面图的编号。

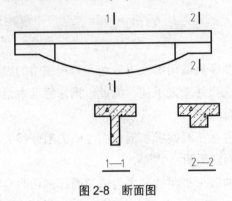

图 2-8　断面图

2)　重合断面图

画在视图内的断面图称为重合断面图。重合断面图的轮廓线用粗实线绘制。当视图中的轮廓线与重合断面图的图形重叠时，视图中的轮廓线仍应连续画出，不可间断。重合断面图不需标注剖切位置及编号。

2.4　三面投影图

正面投影、水平投影、侧面投影分别称为正视图、俯视图、侧视图；在建筑工程制图中则分别称为正立面图(简称正面图)、平面图、左侧立面图(简称侧面图)。物体的三面投影图总称为三视图或三面图。一般不太复杂的形体用三面图就能将其表达清楚。因此三面图是工程中常用的图示方法。

2.4.1　物体三面投影体系的建立

1. 三面正投影的形成

用三个互相垂直的投影面构成一个空间投影体系，即正面 V、水平面 H、侧面 W，把物体放在空间的某一位置固定不动，分别向三个投影面上对物体进行投影，在 V 面上得到的投影叫作主视图，在 H 面上得到的投影叫俯视图，在 W 面上得到的投影叫左视图。为了在同一张图纸上画出物体的三个视图，国家标准规定了其展开方法：V 面不动，H 面绕 OX 轴向下旋转 $90°$ 与 V 面重合，W 面绕 OZ 轴向后旋转 $90°$ 与 V 面重合，这样，便可把三个互相垂直的投影面展示在同一张图纸上了。三视图的配置为以主视图为基准，俯视图在主视图的下方，左视图在主视图的右方，如图 2-9 所示。

(1)　正面投影面 V，简称正面；

(2)　水平投影面 H，简称水平面；

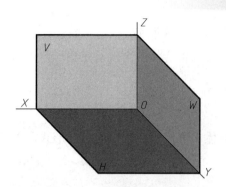

图 2-9　三视图投影面图

(3) 侧立投影面 *W*，简称侧面；

(4) 三个投影面之间两两的交线，称为投影轴，分别用 *OX*、*OY*、*OZ* 表示，三根轴的交点 *O* 称为原点。

2. 三视图的展开

为了更好地展示物体，可以将三视图画在同一个平面上，这就需要把三视图展开。*V*、*H*、*W* 三个面是相互垂直的，正面保持不动，水平面绕 *OX* 轴旋转 90°，侧面绕 *OZ* 轴向右旋转 90°。这样三个视图就可以全部展示在同一个平面上。

将实物展开如图 2-10、图 2-11 所示，从图 2-11 中可以看出，三视图的位置关系是俯视图在主视图正下方，左视图在主视图的正右方。三个位置不能发生变化，否则就是不规范的图。

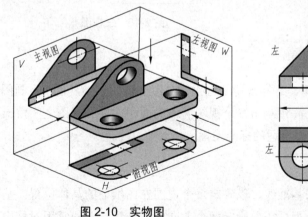

图 2-10　实物图

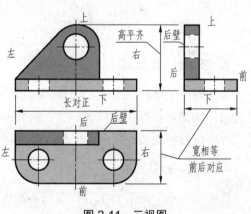

图 2-11　三视图

2.4.2 三面投影图的制图方法

根据物体或立体图画三视图时，应把物体摆平放正，选择形体主要特征明显的方向作为主视图的投影方向，一般画图步骤如下所述。

在画组合体三视图之前，首先运用形体分析法把组合体分解为若干个形体，确定它们的组合形式，判断形体间邻接表面是否处于共面、相切和相交的特殊位置；然后逐个画出形体的三视图；最后对组合体中的垂直面、一般位置面、邻接表面处于共面、相切或相交位置的面、线进行投影分析。当组合体中出现不完整形体、组合柱或复合形体相贯时，可用恢复原形法进行分析。

1. 进行形体分析

把组合体分解为若干形体，可以确定它们的组合形式，以及相邻表面间的相互位置，如图2-12所示。

2. 确定主视图

三视图中，主视图是最主要的视图。

(1) 确定放置位置。选择组合体的放置位置以自然平稳为原则，并使组合体的表面相对于投影面尽可能多地处于平行或垂直位置。

(2) 确定主视投影方向。应选择最能反映组合体形体特征及各个基本体之间的相互位置，并能减少俯、左视图上虚线数量的那个方向，作为主视图投影方向，如图2-13所示。

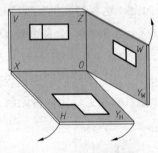

图2-12　三视图的展开图

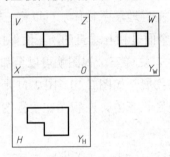

图2-13　三视图

3. 选比例，定图幅

画图时，尽量应选用1：1的比例。这样既便于直接估量组合体的大小，也便于画图。按选定的比例，根据组合体长、宽、高预测出三个视图所占的面积，并在视图之间留出标注尺寸的位置和适当的间距，据此选用合适的标准图幅。

4. 布图、画基准线

先固定图纸，然后画出各视图的基准线，以确定每个视图在图纸上的具体位置。基准线是指画图时测量尺寸的基准，每个视图需要确定两个方向的基准线。一般常用对称中心线、轴线和较大的平面作为基准线，逐个画出各形体的三视图。

5. 画法

根据各形体的投影规律，逐个画出形体的三视图。画形体的顺序：一般先实(实形体)后空(挖去的形体)；先大(大形体)后小(小形体)；先画轮廓，后画细节。画每个形体时，要将三个视图联系起来画，并从能反映形体特征的视图画起，再按投影规律画出其他两个视图。对称图形、半圆和大于半圆的圆弧要画出对称中心线，回转体一定要画出轴线。对称中心线和轴线用细点画线画出，如图 2-14 所示。

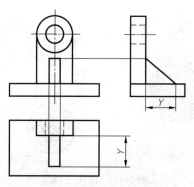

图 2-14　构件三视图

6. 检查

检查，描深，最后再全面检查。底稿画完后，按形体逐个仔细检查。对形体中的垂直面、一般位置面、形体间邻接表面处于相切、共面或相交特殊位置的面、线，用面、线投影规律重点校核，纠正错误和补充遗漏。按标准图线描深，可见部分用粗实线画出，不可见部分用虚线画出。

2.4.3　三视图其他特性

1. 三视图之间的投影规律

如果我们把物体的左右尺寸称为长，前后尺寸称为宽，上下尺寸称为高，则主、俯视图都反映了物体的长，主、左视图都反映了物体的高，左、俯视图都反映了物体的宽。所以可以归纳成三条投影规律。

(1) 主视图与俯视图长对正。

(2) 主视图与左视图高平齐。

(3) 俯视图与左视图宽相等。

2. 基本几何体的三视图

(1) 圆柱三视图，如图 2-15 所示。

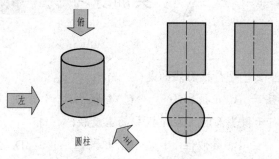

图 2-15　圆柱三视图

(2) 球体三视图，如图 2-16 所示。

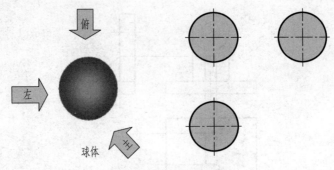

图 2-16　球体三视图

(3) 圆锥三视图，如图 2-17 所示。

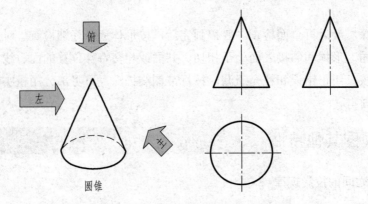

图 2-17　圆锥三视图

本章小结

　　本章学习了投影的概念和分类，以及三面投影的相关概念、形成，三视图的展开和三视图之间的规律，要求掌握三视图的制图方法，了解基本几何体的三视图如何绘制；学习了点、线、面三种投影的分类和特性。

实训练习

一、单选题

1. 下列投影法中不属于平行投影法的是(　　)。

　　A. 中心投影法　　B. 正投影法　　　C. 斜投影法　　　D. 点投影法

2. 当一条直线平行于投影面时，在该投影面上反映(　　)。

　　A. 实形性　　　　B. 类似性　　　　C. 积聚性　　　　D. 全聚性

3. 当一条直线垂直于投影面时，在该投影面上反映(　　)。

A. 实形性　　　B. 类似性　　　C. 积聚性　　　D. 全聚性

4. 在三视图中，主视图反映物体的(　　)。

A. 长和宽　　　B. 长和高　　　C. 宽和高　　　D. 以上答案都不对

5. 主视图与俯视图(　　)。

A. 长对正　　　B. 高平齐　　　C. 宽相等　　　D. 以上答案都不对

二、多选题

1. 平行投影依次可分为(　　)。

A. 中心投影　　　B. 斜投影　　　C. 正投影

D. 分散投影　　　E. 单面投影

2. 平行投影基本规律与特性主要包括(　　)。

A. 平行性　　　B. 定比性　　　C. 度量性

D. 类似性　　　E. 积聚性

3. 度量性是指(　　)。

A. 当空间直线平行于投影面时，其投影反映线段的实长

B. 点的投影仍旧是点

C. 当空间平面图形平行于投影面时，其投影反映平面的实形

D. 当直线倾斜于投影面时，其投影小于实长

E. 当直线垂直于投影面时，其投影积聚为一点

4. 积聚性是指(　　)。

A. 在空间平行的两直线，它们的同面投影也平行

B. 当直线垂直于投影面时，其投影积聚为一点

C. 点的投影仍旧是点

D. 当平面垂直于投影面时，其投影积聚为一直线

E. 当直线倾斜于投影面时，其投影小于实长

5. 在 W 面上能反映直线实长的直线可能是(　　)。

A. 正平线　　　B. 水平线　　　C. 正垂线

D. 铅垂线　　　E. 侧平线

三、简答题

1. 什么是投影法？

2. 三面正投影有哪些制图步骤？

3. 三视图之间的投影规律是什么。

第2章课后答案.docx

实训工作单

班级		姓名		日期	
教学项目		投影三视图的绘制			
任务	绘制几何图形简单的投影三视图		绘图工具	画板、丁字尺、铅笔、橡皮、图纸等	

相关知识	投影的基本知识
其他要求	

绘制流程记录

评语			指导教师	

第 3 章　形体基本元素的投影

【教学目标】

- 了解投影的基本概念和分类
- 掌握三面正投影和点、线、面投影的相关知识点
- 熟悉轴测图的几种类型

形体基本元素的
投影.mp4

【教学要求】

本章要点	掌握层次	相关知识点
点的投影	1.点投影概述 2.点投影的关系	1.点投影的概念 2.点投影的特性 3.两点的位置关系
直线投影	1.直线投影概述 2.各种位置的直线投影 3.直线上的点投影	1.直线投影的概念 2.各种位置投影的关系 3.直线上点投影的关系
平面投影	1.平面的表示方法 2.各种位置的平面投影 3.平面内的点和线投影	1.平面表示方法的概念 2.三种位置的平面投影 3.平面内的点和线

【引子】

　　AutoCAD 是美国 AutoDesk 公司于 1982 年推出的一种通用计算机辅助设计软件包，从早期的 AutoCAD V1.0 起，到目前的 AutoCAD 2014，先后出现了十多个典型版本。二十多年来，其功能不断增强，从简易的二维绘图发展到目前集三维设计、真实感显示、数据库管理、Internet 传递于一体。AutoCAD 是一种开放型的软件包，便于进行二次开发，具有高效、通用、灵活等特点，因而成为当今世界上最流行的辅助设计软件之一。在我国，AutoCAD 已被广泛运用于建筑、电子、机械等工程设计领域，大大提高了工作效率。

3.1 点的投影

3.1.1 点投影概述

1. 点投影的概念

点投影是一种最基本的投影，也指点的直角投影。在三投影面体系中，由空间点 B 分别向三个投影面作垂线，垂线与各投影面的交点，称为点的投影。

在 V 面上的投影称为正面投影，以 b' 表示；在 H 面上的投影称为水平投影，以 b 表示；在 W 面上的投影称为侧面投影，以 b'' 表示，然后，将投影面进行旋转，V 面不动，H，W 面按箭头方向旋转 $90°$，即将三个投影面展成一个平面，从而得到点的三个投影的正投影图，如图 3-1 所示。

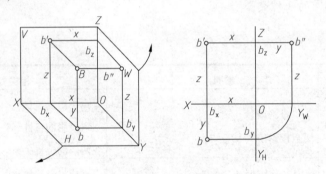

图 3-1　B 点投影三视图

2. 点的投影特性

如图 3-2 所示，A 点具有下述投影特性。

(1) 点的投影连线垂直于投影轴。

(2) 点的投影与投影轴的距离，反映该点的坐标，也就是该点与相应的投影面的距离。

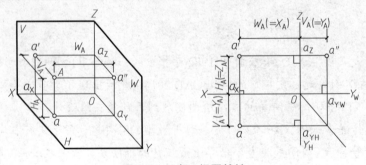

图 3-2　A 点三视图特性

【**案例 3-1**】已知空间点 B 的坐标为 $X=12$，$Y=10$，$Z=15$，也可以写成 $B(12,10,15)$。单位为 mm。求作 B 点的三投影。

（1）分析，如图3-3所示，已知空间点的三点坐标，便可作出该点的两个投影，从而作出另一投影。

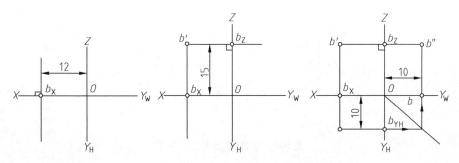

图3-3　由点的坐标作三面投影

（2）制图。

① 画投影轴，在 OX 轴上由 O 点向左量取12，定出 bX，过 bX 作 OX 轴的垂线，如图3-3(a)所示。

② 在 OZ 轴上由 O 点向上量取15，定出 bZ，过 bZ 作 OZ 轴垂线，两条线交点即为 b'，如图3-3(b)所示。

③ 在 $b'bX$ 的延长线上，从 bX 向下量取10得 b；在 $b'bZ$ 的延长线上，从 bZ 向右量取10得 b''。或者由 b' 和 b 用图3-3(c)所示的方法作出 b''。

点与投影面的相对位置有四类：空间点；投影面上的点；投影轴上的点；与原点 O 重合的点。

3.1.2 点投影的位置关系

1. 两点的相对位置

（1）两点的相对位置是指空间两个点的上下、左右、前后关系，在投影图中，是以它们的坐标差来确定的。

（2）两点的 V 面投影反映上下、左右关系；两点的 H 面投影反映左右、前后关系；两点的 W 面投影反映上下、前后关系。

【案例3-2】已知空间点 $C(15,8,12)$，D 点在 C 点的右方7，前方5，下方6。求作 D 点的三投影。

（1）分析。D 点在 C 点的右方和下方，说明 D 点的 X、Z 坐标小于 C 点的 X、Z 坐标；D 点在 C 点的前方，说明 D 点的 Y 坐标大于 C 点的 Y 坐标。可根据两点的坐标差作出 D 点的三投影。

（2）制图，如图3-4所示。

2. 重影点

若两个点处于垂直于某一投影面的同一投影线上，则两个点在这个投影面上的投影就会互相重合，这两个点就称为对这个投影面的重影点，如图 3-5 所示。

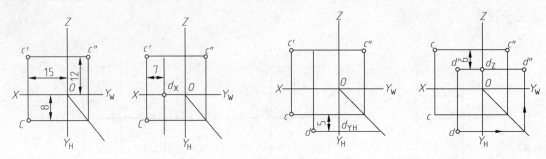

图 3-4　求作 D 点的三投影图

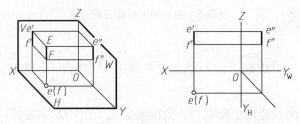

图 3-5　重影点的投影

3.2　直线的投影

3.2.1　直线投影概述

直线的投影.pdf

1. 直线投影的概念

两点确定一条直线，将两点的同面投影用直线连接，就能得到直线的同面投影，如图 3-6 所示。

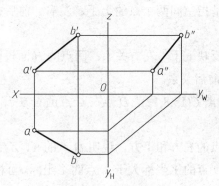

图 3-6　直线投影图

2. 直线投影的特性

如图 3-7 所示。

(1) 直线倾斜于投影面时，投影是收缩的直线，具有收缩性。

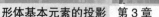

(2) 直线平行于投影面时，投影是反映实长的直线，具有真实性。

(3) 直线垂直于投影面时，投影是一个点，具有积聚性。

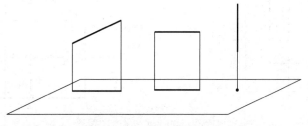

图 3-7　直线投影图

3.2.2　各种位置直线的投影

1. 直线投影的分类

音频：直线投影
的分类.mp3

1)　根据直线与三个投影面的相对位置不同，可以把直线分为三种

(1)　一般位置直线：与三个投影面都倾斜的直线。

(2)　投影面平行线：平行于一个投影面，倾斜于另外两个投影面的直线。

(3)　投影面垂直线：垂直于一个投影面，同时必须平行于另外两个投影面的直线。

2)　投影面平行线和投影面垂直线统称为特殊位置直线

(1)　投影面的平行线——特殊位置线：平行于一个投影面，而对于另外两个投影倾斜的垂直线段。

(2)　投影面的垂直线——特殊位置线：垂直于一个投影面，与另外两个投影面都平行的直线。

(3)　投影面的倾斜线：对三个投影面都倾斜的直线为一般位置线。

2. 投影面平行线

1)　水平线(平行于 H 面)

投影特性，如图 3-8 所示：$ab=AB$，与 OX、OY_H 轴倾斜；$a'b'//OX$ 轴，$a''b''//OY_W$；轴 $a'b'<AB$，$a''b''<AB$。

2)　正平线(平行于 V 面)

投影特性，如图 3-9 所示：$a'b'=AB$，与 OX、OZ 轴倾斜；$ab//OX$ 轴，$a''b''//OZ$ 轴。$ab<AB$，$a''b''<AB$。

3)　侧平线(平行于 W 面)

投影特性，如图 3-10 所示：$a''b''=AB$，与 OZ、OY_W 轴倾斜；$ab//OY_H$ 轴，$a'b'//OZ$ 轴。$ab<AB$，$a'b'<AB$。

4)　投影面平行线的投影特性

(1)　在其平行的那个投影面上的投影反映实长。

(2)　另两个投影面上的投影平行于相应的投影轴。

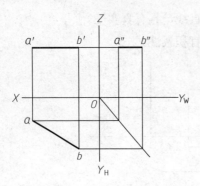

图 3-8 水平投影线图

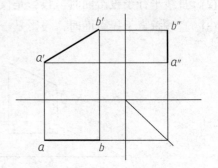

图 3-9 正平行线投影图

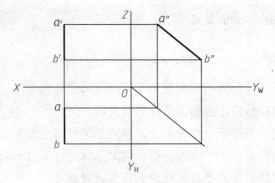

图 3-10 侧平线投影图

5) 投影面平行线的投影特性，见表 3-1

表 3-1 投影面平行线的投影特性

名 称	轴 测 图	投 影 图	投影特性
正平线			1. $a'b'$ 反映实长和 α、γ 角。 2. ab ∥ OX，$a''b''$ ∥ OZ，且长度缩短。
水平线			1. cd 反映实长和 β、γ 角。 2. $c'd'$∥ OX，$c''d''$∥ OY_W，且长度缩短。

续表

名 称	轴 测 图	投 影 图	投影特性
侧平线			1. $e''f''$ 反映实长和 α、β 角。 2. $ef /\!/ OY_H$，$e'f' /\!/ OZ$，且长度缩短。

3. 投影面垂直线

1) 投影垂直线的种类

(1) 铅垂线(垂直于 H 面)。

(2) 正垂线(垂直于 V)。

(3) 侧垂线(垂直于 W 面)。

2) 投影面垂直线的投影特性

(1) 在其垂直的投影面上，投影有积聚性。

(2) 另外两个投影，反映线段实长，且垂直于相应的投影轴。

3) 投影面垂直线的投影特性，见表 3-2

表 3-2 投影面垂直线的投影特性

名 称	轴 测 图	投 影 图	投影特性
正垂线			1. $a'b'$ 积聚成一点。 2. $ab /\!/ OY_H$，$a''b'' /\!/ OY_W$，且反映实长。
铅垂线			1. cd 积聚成一点。 2. $c'd' /\!/ OZ$，$c''d'' /\!/ OZ$，且反映实长。
侧垂线			1. $e''f''$ 积聚成一点。 2. $ef /\!/ OX$，$e'f' /\!/ OX$，且反映实长。

3.2.3 直线上的点

1. 直线上点的投影规律

直线上点的投影必须在直线的同面投影上并符合点的投影规律，这是正投影的从属性。如图 3-11 所示，C 点在直线 AB 上，则必有 c 在 ab 上，c' 在 $a'b'$ 上，c'' 在 $a''b''$ 上，并且 c、c'、c'' 符合点的投影规律。由从属规律可以求直线上点的投影，或判定点是否在直线上。

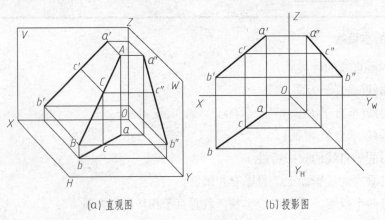

(a) 直观图   (b) 投影图

图 3-11 投影规律

2. 定比性

若点 C 在直线 AB 上，则有 $4C:CB=a'c':c'b'=a''c'':c''b''$，直线投影的这一性质称为定比性。

【案例 3-3】 已知线段 AB 的两面投影 ab 和 $a'b'$，试在其上取一点 C，使 $AC:CB=2:1$。求作点 C 的投影。

解： 根据定比性，只要将 ab 或 $a'b'$ 分成 3 等分即可求出 c 和 c'。

制图：(1) 过 a 任作一条辅助线，并自 a 点起在其上截取 3 等分。

(2) 连接 $b3$，过 2 点作其平行线交 ab 于 c 点。

(3) 由 c 作出 c' 即可。

3.2.4 两直线的相对位置

空间两直线的相对位置有平行、相交和交叉 3 种情况。其中平行两直线和相交两直线称为公面直线，交叉两直线称为异面直线。

1. 两直线平行

(1) 投影特点：空间平行的两直线，其同面投影也一定互相平行，如图 3-12 所示。

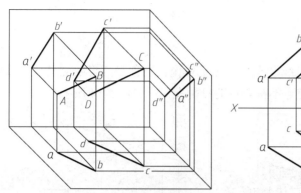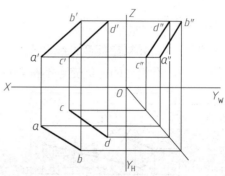

图 3-12　投影特点

(2) 两直线平行的判定如下。

① 若两直线的三面投影都互相平行，则空间两直线一定互相平行。

② 若两直线为一般位置直线，则只要看它们的两个同面投影是否平行，即可判定两直线在空间是否平行。

③ 若两条直线为某一投影面的平行线，则要用两直线在该投影面上的投影来判定其是否平行。

2. 两直线相交

(1) 投影特点：如果空间两直线相交，则其同面投影必定相交，且交点符合点的投影规律，如图 3-13 所示。

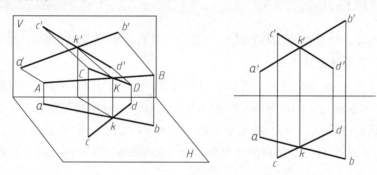

图 3-13　两直线相交投影

(2) 两直线相交的判定如下。

① 如果两直线的同面投影相交，且交点符合点的投影规律，则该两直线在空间也一定相交。

② 若两直线为一般位置直线，则只要两个同面投影符合上述规律，即可判定两直线在空间相交。

③ 如果两直线中有某一投影面的平行线时，则应验证该直线在该投影面上的投影是否满足相交的条件，才能判定；也可以用定比性判定交点是否符合点的投影规律来验证两

直线是否相交。

3. 两直线交叉

(1) 投影特点：如果空间两直线既不平行也不相交，则称为两直线交叉。其投影特点是：同面投影可能有相交的，但交点不符合点的投影规律，如图 3-14 所示。

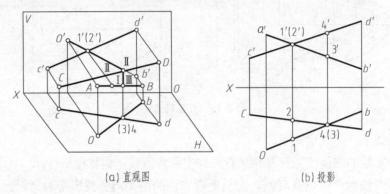

(a) 直观图　　　　　　(b) 投影

图 3-14　两直线交叉投影

(2) 两直线交叉的判定：两直线交叉，其同面投影的交点为该投影面重影点的投影，可根据其他投影判别其可见性。如图 3-14(b)所示，I、II 点为 V 面的重影点，通过 H 面投影可知 I 点在前，为可见点，II 在后，为不可见点；III、IV 点为 H 面的重影点，通过 V 面投影可知 V 点在上，为可见点，I 点在下，为不可见点。

3.2.5　直角定理

直角投影定理，垂直相交的两直线，若其中一直线平行于某投影面，则两直线在该投影面上的投影仍然反映直角关系。

如图 3-15 所示，AB、BC 为相交成直角的两直线，其中直线 BC 平行于 H 面(即水平线)，直线 AB 为一般位置直线。现证明两直线的水平投影 ab 和 bc 仍相互垂直，即 $bc \perp ab$。

证明：如图 3-15 所示，因为 $BC \perp Bb$，$BC \perp AB$，所以 $BC \perp$ 平面 $AB ba$；又因 $BC /\!/ bc$，所以 bc 也垂直于平面 $ABba$。根据立体几何定理可知 bc 垂直于平面 $ABba$ 上的所有直线，故 $bc \perp ab$。

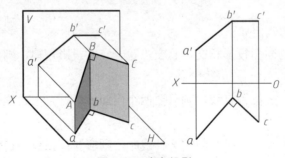

图 3-15　直角投影

若相交两直线在某一投影面上的投影为直角，且其中一条直线平行于该投影面，则该两直线在空间必定相互垂直。

【案例 3-4】如图 3-16 所示，已知直线 AB 及点 K 的投影，过点 K 作直线 KS 与直线 AB 正交(交点 S 在直线 AB 上)。

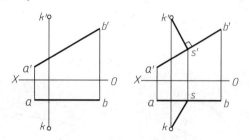

图 3-16 直线 AB 的投影

解：根据直角投影定理，过 k' 作 $k's' \perp a'b'$，交直线 AB 的正面投影 $a'b'$ 于 s'，根据 s' 求出点 S 的水平投影 s，连接 ks，ks 及 $k's'$ 即为所求。

3.3 平面的投影

3.3.1 平面的表示法

1. 平面表示法的概念

平面表示法，是指混凝土结构施工图平面整体表示方法(简称平法)，是把结构构件的尺寸和钢筋等，按照平面整体表示方法制图规则，整体直接表达在各类构件的结构平面布置图上，再与标准构造详图相配合，即构成一套完整的结构施工图的方法。它改变了传统的那种将构件从结构平面布置图中索引出来，再逐个绘制配筋详图的烦琐方法，是混凝土结构施工图设计方法的重大改革。由建设部批准发布的国家建筑标准设计图集(G101 即平法图集)，是国家重点推广的科技成果，已在全国广泛使用。

平面的投影.pdf

音频：平面表示法
的概念.mp3

2. 平面的表示方法分类

平面的表示方法有两种，一种是用几何元素表示平面，另一种是用迹线表示平面。

1) 用几何元素表示平面

如图 3-17 所示，可用下列 5 种方式表示平面。

(1) 不在同一直线上的 3 个点。

(2) 一直线和线外一点。

(3) 两相交直线。

(4) 两平行直线。

(5) 平面图形，如三角形等。

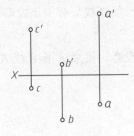 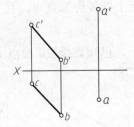 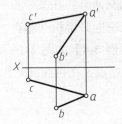

(a) 不在同一直线上的 3 个点　　(b) 一直线和线外一点　　(c) 两相交直线

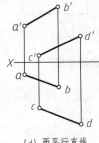 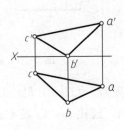

(d) 两平行直线　　(e) 平面图形

图 3-17　平面表示方式

2)　用迹线表示平面

空间平面 P 与 H、V、W 这 3 个投影面相交，交线分别为 P_H、P_V、P_W，则 P 称为水平迹线，P_V 称为正面迹线，P_W 称为侧面迹线。空间平面可用其 3 条迹线来表示，如图 3-18 所示。

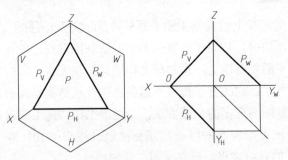

图 3-18　空间平面迹线

3.3.2　各种位置平面的投影特性

根据空间平面相对于投影面的位置，平面可分为一般位置平面、特殊位置平面两大类。特殊位置平面又可分为投影面平行面和投影面垂直面。

1.　投影面平行面的投影

投影面平行面与一个投影面平行，与另外两个投影面垂直。由此可以概括出投影面平行面的投影特性：在所平行的投影面上的投影反映实形，另外两投影积聚为直线且平行于相应投影轴，如图 3-19 所示。

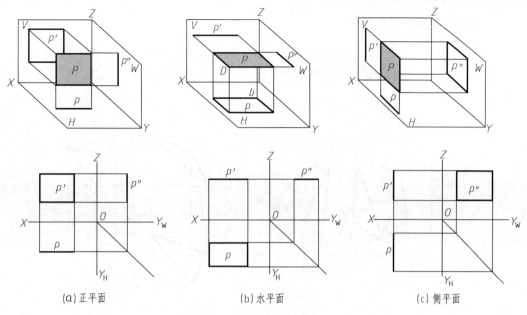

(a) 正平面   (b) 水平面   (c) 侧平面

图 3-19 相应投影轴

2. 投影面垂直面的投影

垂直于一个投影面而倾斜于另外两个投影面的平面称为投影面垂直面。其投影特点为：因为它垂直于一个投影面，所以它在所垂直的投影面上的投影积聚为一条直线，且反映平面对另两个投影面倾角的大小；它倾斜于另外两个投影面，在另外两个投影面上的投影为该平面图形的类似形，如图 3-20 所示。

音频：各种位置平面的投影特性.mp3

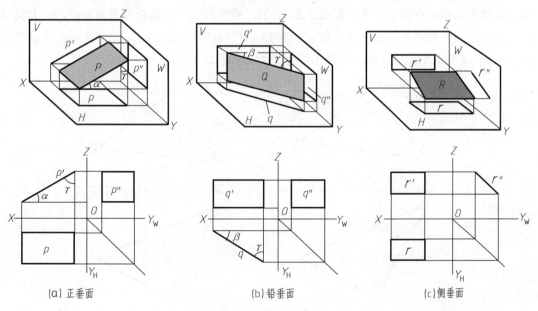

(a) 正垂面   (b) 铅垂面   (c) 侧垂面

图 3-20 垂面投影

3. 一般位置平面的投影

与 3 个投影面均倾斜的平面，称为一般位置平面。它的 3 个投影均不反映实形，也没有积聚性，也不反映平面对投影面倾角的大小，但 3 个投影均为类似形，且小于实形，如图 3-21 所示。

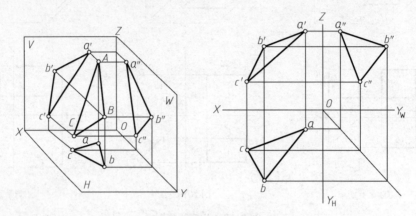

图 3-21　平面的投影

3.3.3　平面内的点和线

1)　平面内的点

点在平面上的几何条件是：点在平面内的某一直线上。若点的投影属于平面内某一直线的各同面投影，且符合点的投影规律，则点属于该平面。

在平面内取点的方法：在平面内取点，首先要在平面内取一直线，然后在该直线上定点，这样才能保证点属于平面。如图 3-22 所示，要想判定 1 点是否在平面 abc 内，首先过 1 点作直线 ak，求出 k 点的 V 面投影 k'，连接 a'k'，1' 点在 a'k' 上，说明空间点 1 在直线 ak 上，而 ak 又在平面 abc 内，所以 1 点在平面 abc 内。

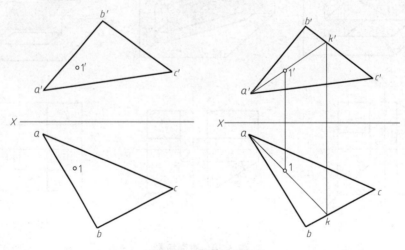

图 3-22　平面 abc 内点

2)　平面内的直线

直线属于平面的几何条件是：直线通过平面上的两点；或直线通过平面上的一点且平行于平面上的另一条直线。如图 3-23 所示，直线 *AB*、*CD* 都满足直线属于平面 *EFH* 的几何条件，*AB* 过平面上的两点 *M* 和 *N*，*CD* 过平面上的一点且平行于 *EH*。

平面内取直线的方法：在平面内取直线应先在平面内取点，并保证直线通过平面上的两个点，或过平面上的一个点且与另一条平面内的直线平行。

3)　平面内的特殊位置直线

(1)　平面内的水平线：一直线属于平面，且与 *H* 面平行，与另外两个投影面倾斜，称为平面内的水平线。

(2)　平面内的正平线：一直线属于平面，且与 *V* 面平行，与另外两个投影面倾斜，称为平面内的正平线。在图 3-24 中，*AE* 为平面 *ABC* 内的水平线，图中 *a'e'*//*OX* 轴；*BD* 为平面内的正平线，*bd*//*OX* 轴。

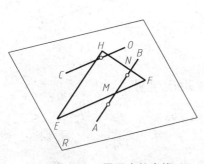

图 3-23　平面内的直线

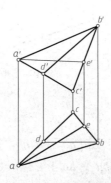

图 3-24　特殊位置直线

(3)　平面内对投影面的最大斜度线：平面内对投影面倾角最大的直线称为平面上对该投影面的最大斜度线。平面内对投影面的最大斜度线必垂直于该平面内的该投影的平行线。如图 3-25 所示，*L* 是平面 *P* 内水平线，*AB* 属于 *P*，*ABLL*(或 *ABLPH*)，*AB* 即是平面 *P* 对 *H* 面的最大斜度线。平面对投影面的倾角可用最大斜度线对投影面的倾角来定义，如图 3-25 所示，*AB* 对 *H* 面的倾角 α 就是平面 *P* 与 *H* 面所成二面角的平面角，即平面 *P* 对 *H* 面的倾角 α。

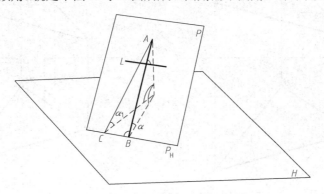

图 3-25　斜度线投影面

平面内对 V 面的最大斜度线，应垂直于该平面内的正平线或正面迹线。平面对 V 面的倾角 B 等于平面内对 V 面的最大斜度线的角。

【案例 3-5】如图 3-26(a)所示，已知四边形平面 $ABCD$ 的 H 投影 $abcd$ 和 ABC 的 V 投影 $a'b'c'$，试完成其 V 投影。

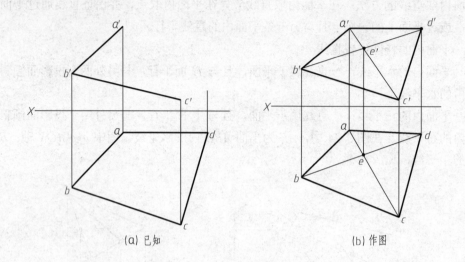

(a) 已知   (b) 作图

图 3-26 平面 ABCD 投影

解：(1) 连接 ac 和 $a'c'$，得辅助线 AC 的两投影。

(2) 连接 bd 交 ac 于 e 点。

(3) 由于 e 在 ac 上，根据点的投影规律求出 e'。

(4) 连接 $b'e'$ 并延长，求出 d'。

(5) 连接 $a'd'$、$c'd$ 即为所求，如图 3-26(b)所示。

【案例 3-6】如图 3-27(a)所示，求三角形 ABC 对 H 面的倾角。

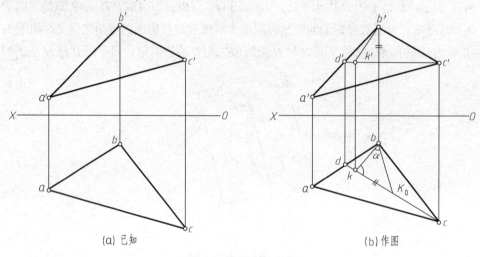

(a) 已知   (b) 作图

图 3-27 三角形 ABC

解: (1) 过 c' 引 $c'd'$//OX 交 $a'b'$ 于 d' 点，求出 cd，CD 为三角形 ABC 内的水平线。

(2) 过 b 作 $bk \perp cd$ 交 cd 于 k 点，求出 $b'k'$，BK 即为平面对 H 面的最大斜度线。

(3) 以 bk 为直角边，以 ΔZ_{BK} 为另一直角边作直角三角形 bkK_0 (图中 $\Delta Z_{BK} = kK_0$)，在直角三角形中斜边 bK_0 与 bk 的夹角为 BK 对 H 面的倾角 α，该 α 即为所求，如图 3-27(b)所示。

本章小结

本章学生学习了投影的概念和分类，以及三面正投影的相关概念、形成、三视图的展开和三视图之间的规律，要求掌握三视图的作图方法，了解基本几何体的三视图如何绘制；还学习了点、线、面三种投影的分类和特性。学习完本章学生可以掌握基本的看图和绘图技巧。

实训练习

一、单选题

1. 投影垂直线的投影特性是(　　　)。

　　A. 投影面垂直线在所垂直的投影面上的投影必积聚成一个点

　　B. 另外两个投影都反映线段实长。且不垂直于相应的投影轴。

　　C. 三个投影都是直线，其中在于直线平行的投影面上的投影反映实长，且与投影轴平行

　　D. 以上答案都不对

2. 投影面平行线的投影特性是(　　　)。

　　A. 三个投影都是直线，其中在与直线平行的投影面上的投影反映线段实长。而且与投影轴平行

　　B. 另外两个投影都短于线段实长，且分别平行于相应的投影轴

　　C. 三个投影都是直线，且互相垂直

　　D. 以上答案都不对

3. 下列投影法不属于平行投影法的是(　　　)。

　　A. 中心投影法　　　B. 正投影法　　　C. 斜投影法　　　D. 以上答案都不对

4. 当一条直线平行于投影面时，在该投影面上反映(　　　)。

　　A. 实行线　　　　B. 类实性　　　　C. 积聚性　　　　D. 以上答案都不对

5. 当一条直线垂直于投影面时，在该投影面上反映(　　　)。

　　A. 实行线　　　　B. 类实性　　　　C. 积聚性　　　　D. 以上答案都不对

二、多选题

1. 与一个投影面平行，与其他两个投影倾斜的直线，称为投影的投影平行线，具体可

分为(　　)。

  A. 正平线   B. 水平线   C. 侧平线

  D. 斜直线   E. 以上答案都对

2. 空间平面按其对三个的投影面相对位置不同，可分为(　　)。

  A. 投影面垂直面   B. 投影面平行面   C. 一般位置面

  D. 交叉位置面   E. 以上答案都不对

3. 直线按其对三个投影面的相对位置关系不同，可分为(　　)。

  A. 投影面垂直线   B. 投影平行线   C. 一般位置线

  D. 交叉线   E. 以上答案都不对

4. 工程上常采用的投影法是(　　)。

  A. 中心投影法   B. 平行投影法   C. 正投影法

  D. 斜投影法   E. 以上答案都不对

5. 当直线平行于投影面时，其投影直线这种性质叫(　　)性，当直线垂直投影面时，投影平面这种性质叫(　　)。

  A. 真实性   B. 积聚性   C. 类似性

  D. 相似性   E. 以上答案都对

三、简答题

1. 空间直线与投影面的相对位置有几种？分别是什么？

2. 投影平行线的投影特性是什么？

3. 投影面垂直线的投影特性是什么？

第 3 章课后答案.docx

实训工作单

班级		姓名		日期	
教学项目		形体基本元素的投影			
任务	各种位置平面的投影特性			画板、丁字尺、铅笔、橡皮、图纸等	
相关知识			投影的基础知识		
其他要求					

绘制流程记录

评语			指导教师	

第 4 章　建筑形体的投影

建筑形体的
投影.mp4

【教学目标】

- 了解平面立体投影的基本概念和分类
- 掌握平面与立体相交的相关知识点
- 熟悉两立体相交的几种类型
- 了解曲面立体投影的基本概念

【教学要求】

本章要点	掌握层次	相关知识点
平面立体投影	1.棱柱体投影 2.棱锥体投影 3.棱台投影	1.投影的形成 2.棱锥体的概念 3.棱台的概念
曲面立体投影	圆柱体、圆锥体、球体投影	1.圆柱体的投影概念 2.圆锥体的投影概念 3.球体的投影概念
平面与立体相交	掌握平面与立体相交的相关知识点	平面与立体相交

【引子】

　　任何建筑形体都是由基本几何形体组成的，如纪念碑和水塔，此类建筑形体大多分别由棱柱、棱锥、棱台和圆柱、圆锥、圆台等组成。组成建筑形体最简单的几何形体称为基本体。基本体根据其表面的不同又可分为平面立体和曲立面体。

4.1　平面立体的投影

4.1.1　棱柱体的投影

平面立体的投影.pdf

　　当物体被光线照射，在地面或者墙面上会形成物体的影子，随着光线照射的角度以及

建筑工程制图与CAD

光源与物体距离的变化，其影子的位置与形状也会发生变化。人们从光线、形体与影子之间的关系中，经过科学的归纳总结，形成了形体投影的原理以及投影制图的方法。

如图4-1(a)所示，一个四棱柱，它的顶面和底面为水平面，前、后两个棱面是正平面，左、右两个棱面为侧平面。

图4-1(b)是这个四棱柱的三面投影图，H 面投影是个矩形，为四棱柱顶面和底面的重合投影，顶面可见，底面不可见，反映了它们的实形。矩形的边线是顶面和底面上各边的投影，反映实长。矩形的4个顶点是顶面和底面4个顶点分别互相重合的投影，也是4条垂直于 H 面的侧棱积聚性的投影。同理，也可以分析出该长方体的 V 面和 W 面投影，也分别是一个矩形。

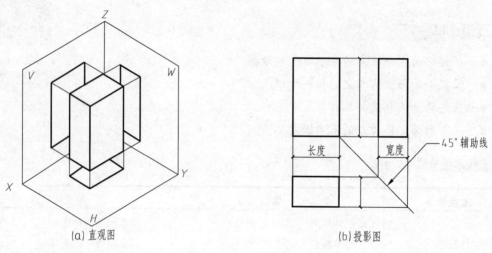

(a) 直观图　　　　　　　　　　　(b) 投影图

图 4-1　直观图、投影图

图 4-2(a)所示是一个三棱柱，上、下底面是水平面(三角形)，后面是正平面(长方形)，左、右两个面是铅垂面(长方形)。将三棱柱向3个投影面进行投影，得到三面投影图如图4-2(b)所示。

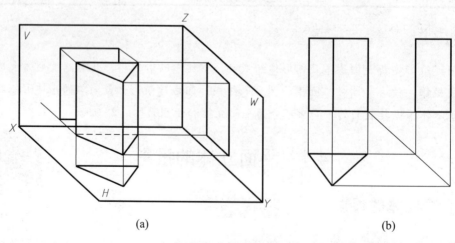

(a)　　　　　　　　　　　　　　(b)

图 4-2　三棱柱投影图

分析三面投影可知：水平面投影是一个三角形，从形体平面投影的角度看，它可以看作上、下底面的重合投影(上底面可见，下底面不可见)，并反映实形，也可以看成是3个垂直于 H 面的3个侧面的积聚投影。从形体棱线投影的角度看，可看作是上底面的3条棱线和下底面的3条棱线的重合投影，3条侧棱的投影积聚在三角形的3个顶点上。

正面投影是两个长方形，可看作是左、右两个侧面的投影，但均不反映实形。两个长方形的外围构成一个大的长方形，其后侧面的投影(不可见)反映实形。上、下底面的积聚投影是最上和最下的两条横线，3条竖线是3条棱线的投影，都反映实长。侧面投影是一个长方形，它是左、右两个侧面的重合投影(左面可见，右面不可见)，均不反映实形。上、下底面的积聚投影是最上和最下两条横线，后侧面的投影积聚在长方形的左边上，它同时也是左、右两条侧棱的投影。前面侧棱的投影是长方形的右边。

4.1.2 棱锥体的投影

1. 棱锥体的基本概念

由一个多边形平面与多个有公共顶点的三角形平面所围成的几何体称为棱锥体。如图 4-3 所示为三棱锥。根据不同形状的底面，棱锥有三棱锥、四棱锥和五棱锥等。现以正五棱锥为例来进行分析。正五棱锥的特点是：底面为正五边形，侧面为五个相同的等腰三角形。通过顶点向底面作垂线(即高)，垂足在底面正五边形的中心。

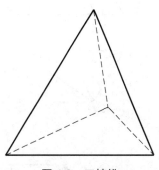

图 4-3 三棱锥

为了方便做棱锥体的投影，常使棱锥体的地面平行于某一投影面，通常使其底面平行于 H 面，如图 4-4(a)所示，求其三面投影。

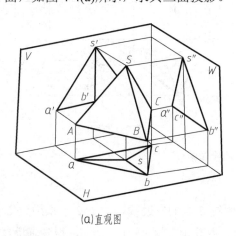

(a)直观图

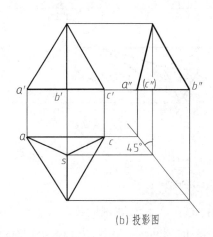

(b)投影图

图 4-4 棱锥体

分析：底面 ABC 为水平面，水平投影反映实形(为正三角形)，另外两个投影为水平的积聚性直线。侧棱面 SAC 为侧垂面，侧面投影积聚为一直线，另两个棱面为一般位置平面，3个投影呈类似的三角形。棱线 SA、SC 为一般位置直线，棱线 SB 为侧平线，3 条棱线通过锥

顶 S 制图时，可以先求出底面和锥顶 s 的投影，再补全其他投影，制图结果如图 4-4(b)所示。

2. 表面上的点

由于棱锥体的表面一般不是特殊平面，因此在棱锥表面上定点，如果点在一般位置平面上，需要在所处的平面上作辅助线，然后在辅助线上作出点的投影。

【案例 4-1】如图 4-5(a)所示，已知三棱锥表面上的点 1 和 2 的水平投影，要求作出它们的正面投影和侧面投影。

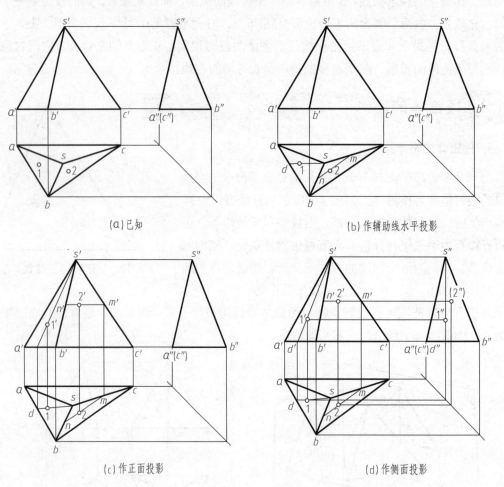

(a)已知　　　　　　　　　　　　(b)作辅助线水平投影

(c)作正面投影　　　　　　　　　　　(d)作侧面投影

图 4-5　正、侧投影图

解：作图过程：

(1) 过点 1 和 2 作辅助线，其中过 1 点采用过 S 点的辅助线，对于 2 点采用过 2 点并平行于 bc 的辅助线。其作图过程为连接 S 点和 1 点并延长交 ab 于一点 d，得到辅助线 sd，过 2 点作直线平行于 bc，交 SC 于 m 点，交 sb 于 n 点，得到辅助线 mn。

(2) 由 d 点向上引投射线交 ab' 于点 d'，连接 s' 和 d'，得到辅助线 $s'd'$，由 1 点向上引投射线与 $s'd$ 相交得到 $1'$ 点。由 m 向上引投射线，与 $is'c$ 相交于点 m'，过点 m 作平行于

$b'c''$的直线作为辅助线(与$s'b$相交于点n),由1、2点向上引投射线与辅助线$m'n$相交于点$2'$。

(3) 对于侧面投影可以继续用辅助线求出。

4.1.3 棱台的投影

棱锥台——由平行于棱底的平面截去锥顶一部分形成的立体,顶面与底面是相互平行的相似多边形,各侧面为等腰梯形。棱台可看作由棱锥用平行于锥底面的平面截去锥顶而形成的形体,上、下底面为各对应边相互平行的相似多边形,侧面为梯形。如图4-6所示为五棱台的直观图和投影图。

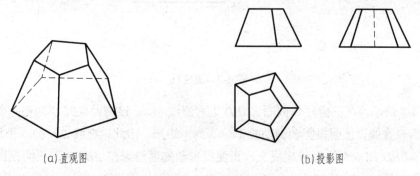

(a)直观图　　　　　　　　　　　　　(b)投影图

图4-6　五棱柱

图4-6中五棱台的底面为水平面,左侧面为正垂面,其他侧面是一般位置平面。从中可以看出,棱台的视图特征是:反映底面实形的视图为两个相似多边形和反映侧面的几个梯形,另两视图为梯形(或梯形的组合图形),因此也有"梯梯为台"之说。

4.1.4 平面立体表面定点

平面体表面上点和直线的投影实质上就是平面上的点和直线的投影,不同之处是平面体表面上的点和直线的投影存在着可见性的判断问题。

如图4-7所示,在五棱柱(双坡屋面建筑)上有M和N两点,其中点M在前平面$ABCD$上,点N在平面$EFGH$上,$ABCD$平面是正平面,它在正立面上的投影反映实形,为一矩形线框,在水平面和侧立面上的投影是积聚在水平投影和侧面投影最前端的直线。因此。点M的水平投影和侧面投影都在这两条积聚线上,而正面投影在$ABCD$正E面投影的矩形线框内。

平面$EFGH$为侧垂面,其侧面投影积聚成直线,水平投影和正面投影分别为一矩形线框。所以点N的侧面投影应在$EFGH$侧面投影的积聚线上,水平投影和正面投影分别在矩形线框内。由于$EFGH$的正面投影不可见,所以点N的正面投影也不可见。

以上两点所在的平面都具有积聚性,所以在已知点的一面投影,求其余两投影时,可

利用平面的积聚性求得。

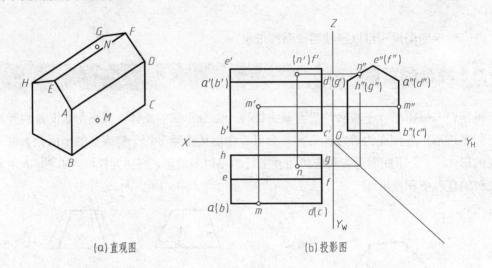

(a)直观图　　　　　　　　(b)投影图

图 4-7　五棱柱

如图 4-8 所示，在三棱柱体侧面 *ABED* 上有直线 *MN*，该侧面 *ABED* 为铅垂面，其水平投影积聚为一直线，正面投影和侧面投影分别为一矩形。因此，直线 *MN* 的水平投影 *mn* 在棱柱侧面 *ABED* 的水平投影积聚线上，正面投影和侧面投影在 *ABED* 的正面投影和侧面投影内。由于平面 *ABED* 的侧面投影不可见，*MN* 的侧面投影也不可见，故用虚线表示。

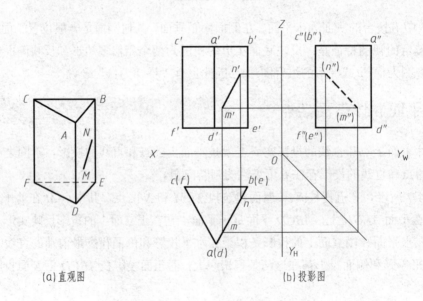

(a)直观图　　　　　　　　(b)投影图

图 4-8　三棱柱侧面

已知 *MN* 的一个投影，求其余两个投影时，可先按棱柱体表面上的点作出 *MN* 的其余两投影，再用相应的图线连起来即可。

4.1.5　平面立体的尺寸标注

　　建筑形体的投影图，虽然已经清楚地表达了形体的形状和各部分的相互关系，但还必须标注足够的尺寸，才能明确形体的实际大小和各部分的相对位置。在标注建筑形体的尺寸时，要考虑两个问题：即投影图上应标注哪些尺寸和尺寸应标注在投影图的什么位置。

　　图样上的尺寸由尺寸界线、尺寸线、尺寸起止符号和尺寸数字等组成。尺寸界线应用细实线绘制，一般应与被注长度垂直，其一端应离开图样的轮廓线不小于 2mm，另一端宜超出尺寸线 2～3mm。必要时可利用轮廓线作为尺寸界线。尺寸线也应用细实线绘制(特殊情况下可以超出尺寸界线之外)。图样上任何图线都不得用作尺寸线。尺寸起止符一般应用中粗短斜线绘制，其倾斜方向应与尺寸界线呈顺时针 45°角，长度宜为 2～3mm。在轴测图中标注尺寸时，其起止符号宜用小圆点。

　　(1)　物体的真实大小应以图样上所注的尺寸数值为依据，与图形的大小及绘图的准确度无关，如图 4-9 所示。

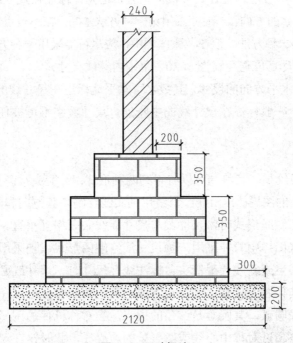

图 4-9　尺寸标注

　　(2)　图样中(包括技术要求和其他说明)的尺寸，以 mm 为单位时，不需标注计量单位的代号或名称，如采用其他单位，则必须注明相应的计量单位的代号或名称

　　(3)　图样中所标注的尺寸，为该图样所示物体的最后完工尺寸，否则应另加说明。机件的每一尺寸，一般只标注一次，并应标注在反映该结构最清晰的图形上。

　　(4)　标注符号。

　　①　标注直径时，应在尺寸数字前加注符号"Φ"；标注半径时，应在尺寸数字前加

注符号"R";标注球面的直径或半径时,应在符号"Φ"或"R"前再加注符号"S"。对于螺钉、铆钉的头部,轴(包括螺杆)的端部以及手柄的端部等,在不致引起误解的情况下可省略符号"S"。

② 标注弧长时,应在尺寸数字上方加注符号"⌒"。

③ 标注参考尺寸时,应将尺寸数字加上圆括弧。

④ 标注剖面为正方形结构的尺寸时,可在正方形边长尺寸数字前加符号"□"或用"B×B"注出。

⑤ 标注板状零件的厚度时,可在尺寸数字前加注符号"t"。

⑥ 当需要指明半径尺寸是由其他尺寸所确定时,应用尺寸线和符号"R"标出,但不要注写尺寸数。

⑦ 标注倾斜度或锥度时,符号的线宽为$h10$。符号的方向应与斜度、锥度的方向一致。必要时可在标注锥度的同时,在括号中标注出其角度值。

(5) 尺寸数字。

线性尺寸的数字一般应标注在尺寸线的上方,也允许标注在尺寸线的中断处。线性尺寸数字的方向,一般应采用第一种方法注写。在不致引起误解时,也允许采用第二种方法。但在一张图样中,应尽可能采用一种方法。

音频:尺寸数字.mp3

方法1:数字应尽可能避免在图示30°范围内标注尺寸。

方法2:对于非水平方向的尺寸,其数字可水平地标注在尺寸线的中断处。角度的数字一律写成水平方向,一般标注在尺寸线的中断处。尺寸数字不可被任何图线所通过,否则必须将该图线断开。

(6) 尺寸线尺寸标注。

尺寸线用细实线绘制,其终端可以有下列两种形式:a 箭头:箭头的形式如图4-10所示,适用于各种类型的图样。b 斜线:斜线用细实线绘制,其方向和画法如图4-10所示。当尺寸线的终端采用斜线形式时,尺寸线与尺寸界线必须相互垂直。当尺寸线与尺寸界线相互垂直时,同一张图样中只能采用一种尺寸线终端的形式。当采用箭头时,在地方不够的情况下,允许用圆点或斜线代替箭头。标注线性尺寸时,尺寸线必须与所标注的线段平行。尺寸线不能用其他图线代替,一般也不得与其他图线重合或画在其延长线上。标注角度时,尺寸线应画成圆弧,其圆心是该角的顶点。当对称机件的图形只画出一半或略大于一半时,尺寸线应略超过对称中心线或断裂处的边界线,此时仅在尺寸线的一端画出箭头即可,如图4-10(c)所示。

(7) 尺寸界线。

尺寸界线用细实线绘制,并应由图形的轮廓线、轴线或对称中心线处引出。也可利用轮廓线、轴线或对称中心线作尺寸界线。当表示曲线轮廓上各点的坐标时,可将尺寸线或其延长线作为尺寸界线。

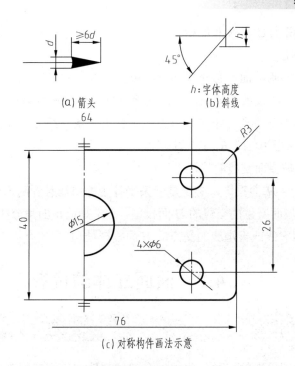

(a) 箭头 (b) 斜线

h:字体高度

(c) 对称构件画法示意

图 4-10 尺寸线终端

(8) 尺寸标注。

尺寸界线一般应与尺寸线垂直，必要时才允许倾斜。在光滑过渡处标注尺寸时，必须用细实线将轮廓线延长，从它们的交点处引出尺寸界线。标注角度的尺寸界线应沿径向引出。标注弦长或弧长的尺寸界线应平行于该弦的垂直平分线，当弧度较大时，可沿径向引出。

4.1.6 同坡屋面交线

在坡顶屋面中，同一个屋顶的各个坡面，对水平面的倾角相同，称为同坡屋面。如图 4-11 所示为屋檐等高的四坡顶屋面，下图为其投影图，其屋面交线及其投影有如下特性。

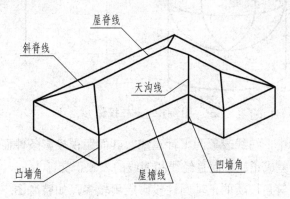

图 4-11 屋檐等高的四坡顶屋面

(1) 屋檐线相互平行的两坡面如相交，必相交成水平屋脊线，其水平投影与两屋檐线的水平投影平行且等距。

(2) 屋檐线相交的两坡面，必交成斜脊线或天沟线，斜脊线位于凸墙角处，天沟线位于凹墙角处。无论是天沟线或斜脊线，它们的水平投影与屋檐线的水平投影都成 45° 角。

(3) 在屋面上如果有两条交线交于一点，必有第三条交线交于此点，这个点就是三个相邻屋面的公有点。如图中 A、B、G、H 四点。

檐口线等高的同坡屋面交线的特性

同坡屋面屋脊线的 H 面投影，必定是一条平行于檐口线且到两檐口线的距离相等的直线；同坡屋面相邻的坡面产生的交线的 H 面投影，必定是墙角的角分线。当墙角为 90° 时，角分线则为 45° 两斜脊线或天沟线的交点的 H 面投影处，必定还有第三条线即屋脊线通过。

4.2 曲面立体的投影

4.2.1 圆柱体的投影

曲面立体的投影.pdf.

圆柱投影属于地图投影的一种。假想一个圆柱与地球相切或相割，以圆柱面作为投影面，将球面上的经纬线投影到圆柱面上，在正常位置的圆锥投影中，圆锥面展平后纬线为平行直线，经线也是平行直线，而且与纬线直交。

圆柱投影是以圆柱面作为投影面，按某种条件，将地球面上的经纬线投影到圆柱面上，并沿圆柱母线切开展成平面的一种投影(如图 4-12 所示)，从几何上看，圆柱投影是圆锥投影中锥顶在无穷远处的特例。

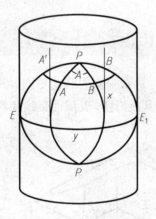
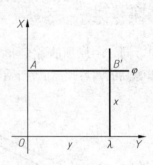

图 4-12　圆柱投影

在正轴圆柱投影中，纬线表象为平行直线，其间距视投影条件而异，经线表象也是平行直线，其间距与经差成正比。而且经线和纬线的表象正交。

正轴圆柱投影。等角性质的正轴圆柱投影应用较多，如航海图广泛采用的墨卡托投影就是等角圆柱投影。沿赤道地区的国家也可采用这种投影方式。

正轴圆柱投影可把全世界重复地表示而且重复部分完全相同，故可用于编制世界交通图和时区图(以等角或等距性质的较多)。等面积圆柱投影因没有特殊优点，实践中应用较少。

由研究圆柱投影长度比的公式(指正轴投影)可知，圆柱投影的变形，像圆锥投影一样，也是仅随纬度而变化的。在同纬线上与各点的变形相同而与经度无关。因此，在圆柱投影中，等变形线与纬线相合，成为平行直线(如图4-13所示)。

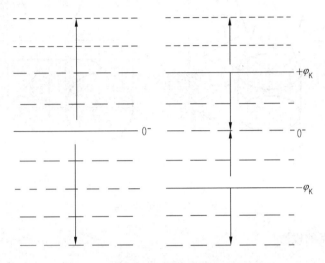

图4-13　平行直线

圆柱投影中变形变化的特征是以赤道为对称轴，南北同名纬线上的变形大小相同。因标准纬线不同可分成切(切于赤道)圆柱及割(割于南北同名纬线)圆柱投影。在切圆柱投影中，赤道上没有变形，自赤道向两侧随着纬度的增加而增大。在割圆柱投影中，在两条标准纬线上没有变形，自标准纬线向内(向赤道)及向外(向两极)增大。圆柱投影中经线表象为平行直线，这种情况与低纬度处经线的近似平行相一致。因此，圆柱投影一般较适宜于低纬度沿纬线伸展的地区。

4.2.2　圆锥体的投影

1. 圆锥的投影

如图4-14所示一轴线垂直于H面的圆锥的三面投影。

圆锥的H面投影为一个圆，它是圆锥面和底面的重合投影，反映底面的实形，圆心是锥顶的投影，圆锥面上的点可见，底面上的点不可见。

圆锥的V面投影是一个等腰三角形，底边是底面的积聚投影，其长度是底圆直径的实长；两边为圆锥最左和最右素线的V面投影，这两条素线称为轮廓素线，它是圆锥面在正面投影中(前半个圆锥面)可见和(后半个圆锥面)不可见部分的分界线。

圆锥的W面投影也是一个等腰三角形，底边是底面的积聚投影，其长度反映底圆直径的实长；两边为圆锥最前和最后素线的W面投影，这两条素线称为轮廓素线，它是圆锥面

在侧面投影中(左半个圆锥面)可见和(右半个圆锥面)不可见部分的分界线。

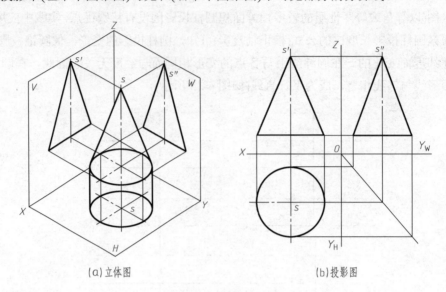

(a)立体图　　　　　　　　　　　　　　(b)投影图

图 4-14　圆锥的投影

2. 圆锥面上点的投影

作圆锥面上的投影，常用的方法有两种，即素线法和纬圆法。下面通过例题来讲解这两种方法。

【案例 4-2】如图 4-15(a)所示，已知圆锥表面上 M 点的 V 面投影 m，求圆锥的 W 面投影，如图 4-15(b)所示，以及 M 点在其他两个投影面的投影。

解： 由曲面的形成过程可知，圆锥面上任一点与锥顶的连线均是圆锥面上的素线，制图时可以通过先求素线的投影，再求素线上的点的投影来找点，这种利用圆锥面上的素线求点的方法称为素线法。圆柱、圆锥和圆球在形成回转面时，母线上的各点都会随其一起绕轴线旋转，形成回转面上的纬圆。求圆锥面上点的投影，可先求出点所在纬圆的投影，再利用纬圆求出点的投影，这种方法称为纬圆法。

(1) 素线法如图 4-15(c)所示。

① 连接 $s'm'$ 并延长，交底圆的 V 面投影于 a' 点，$s'a'$ 即是圆锥面上包含 M 点的素线 Sa 的 V 面投影。

② 利用点的投影规律求出 a 和 a''，分别连接 sa 和 $s''a''$。

③ 由于 M 点在 Sa 上，所以 M 点的三面投影也分别在 Sa 对应的同面投影上。因此，过 m 向下作垂线，交 sa 于 m 点，可求得 M 的水平投影；过 m 作水平线，交 $s''a''$ 于 m'，可求得 M 的侧面投影。

④ 判别可见性。由于点 M 在左前圆锥面上，因此其 H 面和 W 面投影均可见，所以 m 和 m'' 均可见。

(2) 纬圆法如图 4-15(d)所示。

① 过 m' 作水平线，水平线的长度为纬圆的直径。以该水平线的长度为直径可在 H 面

内作出纬圆的实形。

② 由于 M 点在前半圆锥面上可见，因此 m' 点必在前半纬圆上。过 m' 向下作垂线，交 H 面前半纬圆于 m' 点，求得 M 的水平投影；然后通过 m' 和 m'，在 W 面上作出 m''。最后判别其可见性。

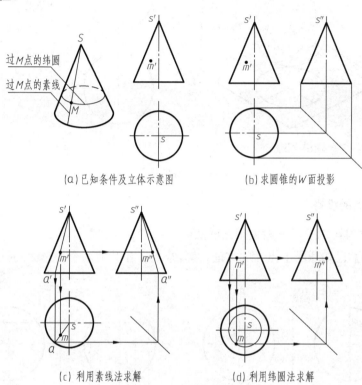

(a) 已知条件及立体示意图   (b) 求圆锥的 W 面投影

(c) 利用素线法求解   (d) 利用纬圆法求解

图 4-15　圆锥投影

4.2.3 球体的投影

1. 球的投影

已知球的三面投影是 3 个大小相同的圆，其直径即为球的直径，圆心分别是球心的投影，如图 4-16 所示。

H 面上的圆是球在 H 面投影的轮廓线，也是上半球面和下半球面的分界线，其中上半球面可见，下半球面不可见。

V 面上的圆是球在 V 面投影的轮廓线，也是前半球面和后半球面的分界线，其中前半球面可见，后半球面不可见。

W 面上的圆是球在 W 面投影的轮廓线，也是左半球面和右半球面的分界线，其中左半球面可见，右半球面不可见。

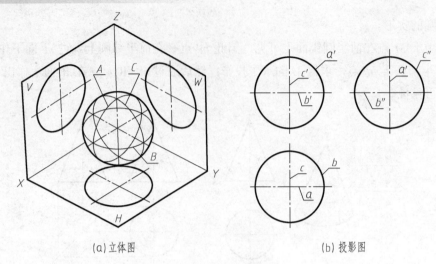

(a) 立体图   (b) 投影图

图 4-16　球的投影

2. 球面上点的投影

球面上点的投影的求解一般采用纬圆法

【**案例 4-3**】已知球面上点 A 的 V 面投影，求点 A 在其他两个投影面的投影如图 4-17(a) 所示。

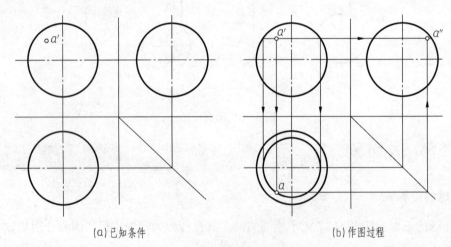

(a) 已知条件   (b) 作图过程

图 4-17　投影面的投影

解： 由 a' 点得知 A 点在左上半球上，可以利用水平纬圆解题。

(1) 过 a' 点作水平线，水平线的长度即为水平纬圆的直径。

(2) 根据直径作出水平纬圆的 H 面投影。由于 A 点在纬圆上，因此 A 点的水平投影也在水平纬圆上，又由于 a' 点可见，可知 A 点在前半纬圆上，过 a' 点向下作垂线，交水平纬圆前半圆于点 a，求得 A 点的水平投影。

(3) 根据 a 和 a 作出 a''。

4.2.4 曲面立体表面定点

与平面立体一样，曲面立体上求点可以利用点的从属特性，点位于立体以知棱线或轮廓线上，点的投影直接可求。曲面立体是一个物理学术语，是由曲面或曲面和平面所围成的几何体，曲面立体的投影就是组成曲面立体的曲面和平面的投影的组合。常见的曲面立体为回转体，如圆柱、圆锥、圆球和圆环等。

【案例4-4】已知立体表面上的点 K 的正面投影 k'，求其另外两面投影 k、k''。如图 4-18(a) 所示。

解：读图及分析：由"圆圆为球"可知，该立体为一球体，K 点在其侧视方向的轮廓素线上。根据线上定点法，其投影一定在相应的轮廓素线的投影上。

求解：如图 4-18(b) 所示，过 k 点根据"高平齐、宽相等"即可求得 K 点的另两面投影 k、k''。

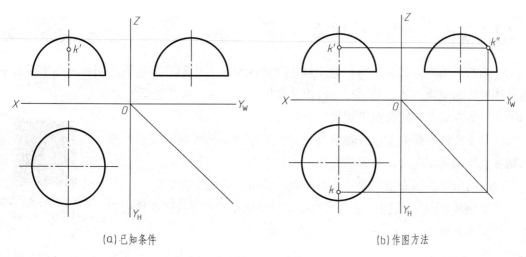

(a) 已知条件   (b) 作图方法

图 4-18　线上定点法

4.3　平面与立体相交

有些构件的形状是由平面与其组成形体相交，截去基本形体的一部分而形成的。通常把与立体相交、截割形体的平面称为截平面，截平面与立体表面的交线称为截交线，截交线所围成的图形称为断面，或称截断面、截面，如图 4-19 所示。

截交线的基本性质如下所述。

(1) 既然截交线是截平面与立体表面的交线，那么它必然是属于截平面和立体表面的共有线，截交线上所有的点也必然是立体表面和截平面上的共有点。

(2) 由于立体的表面都是封闭的，因此截交线也必定是一个或若干个封闭的平面图形。

(3) 截交线的形状取决于立体本身的形状和截平面与立体的相对位置。平面立体的截交线是平面多边形；而曲面立体的截交线在一般情况下则是平面曲线。

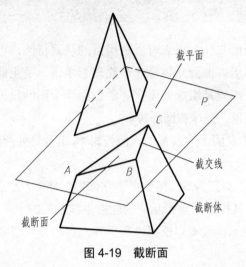

图 4-19　截断面

4.3.1 平面与平面立体相交

平面与平面立体相交所得的截交线为封闭的平面多边形，多边形的顶点是截平面与平面立体棱线的交点，多边形的每一条边是截平面与平面立体各侧面的交线。

求平面立体截交线有以下两种方法。

(1) 交点法：即先求出平面立体的棱线、底边与截平面的交点，然后将各点依次连接起来，即得截交线。

(2) 交线法：即求出平面立体的棱面、底面与截平面的交线。

音频：求作平面立体截交线的方法.mp3

【案例 4-5】完成五棱柱被正垂面截切后截切体的水平投影和侧面投影，如图 4-20(a)所示。

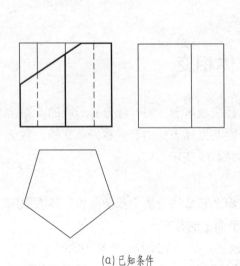

(a) 已知条件　　　　　　　　　　　(b) 作图过程

图 4-20　五棱柱的投影

解: 截平面与五棱柱的 4 个侧面和顶面共 5 个面相交,求出 5 条交线即为截交线。用交点法分析,截平面与 3 条棱线和顶面的两条边相交共 5 个交点,求出 5 个交点并连接就得到截交线。两种分析方法是一致的。

(1) 根据棱线的积聚性,标出截平面与 3 条棱线的交点 3、4、5 和 3′、4′、5′。

(2) 根据截平面(正垂面)与顶面(水平面)的交线是正垂线,截平面与顶面的右前和后面的两条边相交,标出交点 1、2 和(1′)、2′,如图 4-20(b)所示。

(3) 按照点的投影规律,求出 5 个点的 W 面投影 1″、2″、3″、4″、5″。

(4) 将在棱柱同一面上的点用线连接起来,依次按 1、2、3、4、5 将 3 个投影面上的 5 个点的投影连接起来。

(5) 判别可见性,并将实体部分描深加粗。

【案例 4-6】 完成三棱锥被水平面截切后截切体的水平投影和侧面投影,如图 4-21(a)所示。

解: 截平面与三棱锥的 3 个面均相交,共有 3 条截交线,只需找出截平面与三棱锥 3 条棱线的交点即可求出截交线。

(1) 过 a 和 c′ 分别向下作垂线,与三棱锥后面两条棱线的水平投影分别交于 a、c′ 两点。

(2) 由于截平面是一水平面,所以截交线 AC 为侧垂线,由 a′、c 和 a、c 作出 a″和 c″。由于从左向右投影,C 点不可见,A 点可见,所以 c″应加括号。

(3) 过 b 作水平线,交三棱柱最前棱线的 W 面投影于 b″,根据 b″求出 b。

(4) 依次连接 a、b、c 得到三棱锥被水平面所截的截交线。由 abc 围成的三角形反映了截断面的实形。

(5) 将截切体部分描深加粗。

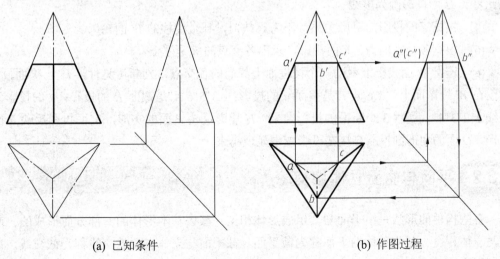

(a) 已知条件　　　　　　　　　　(b) 作图过程

图 4-21　三棱锥投影

【案例 4-7】 已知带缺口的三棱柱的 V 面投影和 H 面投影轮廓,要求补全这个三棱柱的 H 面投影和 W 面投影如图 4-22 所示。

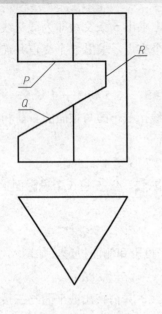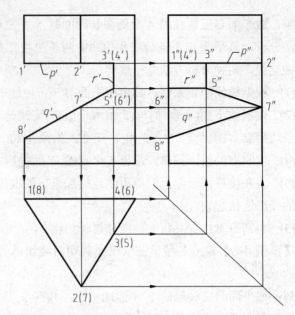

图 4-22　三棱柱

解： 从已知条件可以看出，三棱柱被水平面 P、正垂面 Q 和侧平面 R 所截，根据 V 面的积聚投影可以补全 H 面投影，从而可以得到 W 面投影。具体步骤如下所述。

(1)　在 V 面投影上对截平面截割棱柱时在棱线和柱面上形成的交点编上号。

(2)　各交点向 H 面引投影线，确定各交点的 H 面投影。

(3)　连接在同一个棱柱面上相邻的各交点，判断可见性，不可见的截交线用虚线表示，补全 H 面投影；在 H 投影面上，R 面为侧平面，积聚为一条线 r，因为它被上部形体遮挡，因此将其 H 面投影画为虚线。

(4)　根据三面投影的对应关系，不考虑缺口，补全棱柱的 W 面轮廓。

(5)　根据各交点的 H、V 面投影，求出各交点的 W 面投影。

(6)　连接 W 面投影上截同一个棱柱面上相邻的各交点，判断可见性，补全 W 面投影，在 W 投影面上，5″6″8″7″是截面 e 的投影；3″5″6″4″是截面 R 的投影；e 的投影为一条线 1″2″3″4″。观察 3 个断面的投影结果，H 投影反映 P 面的实形，W 面投影反映 R 面的实形，Q 面的实形则没能直接在投影图中显现出来。

4.3.2　平面与曲面立体相交

有些构件的形状是由平面与其组成形体相交，截去基本形体的一部分而形成的。通常把与立体相交、截割形体的平面称为截平面，截平面与立体表面的交线称为截交线，截交线所围成的图形称为断面，或称截断面、截面。

1. 平面与圆柱的截交线

平面与曲面体相交，一般情况下。截交线是由曲线或曲线与直线所组成的封闭图形。

截交线是截平面与回转体表面的共有线。截交线的形状取决于曲面体的形状和截平面与曲面体的相对位置。截交线是曲面体和截平面的共有点的集合，如表 4-1 所示。

表 4-1　截交线集合

截面平面位置	截面垂直于圆柱轴线	截面倾斜于圆柱轴线	截面平行于圆柱轴线
截交线形状	圆	椭圆	两条平行直线
立体图			
投影图			

(1)　空间及投影分析。

①　分析回转体的形状以及截平面与回转体轴线的相对位置，以便确定截交线的形状。分析截平面与投影面的相对位置，明确截交线的投影特性，如积聚性、类似性等。找出截交线的已知投影，预见未知投影。

②　画出截交线的投影。当截交线的投影为非圆曲线时，其作图步骤为：先找特殊点，补充中间点。将各点光滑地连接起来，并判断截交线的可见性。

(2)　平面与圆锥体的截交线根据截平面与圆锥轴线的相对位置不同，截平面与圆锥面的交线有五种形状，如表 4-2 所示。

①　用垂直于圆锥的高线而不过圆锥的顶点的平面去截圆锥得到的截面是一个圆，截面圆半径和底面圆半径的比，等于从顶点到截面和从顶点到底面的距离之比。

②　用经过圆锥的顶点，并且和圆锥的底面相交的平面去截圆锥得到的截面是一个等腰三角形，它的两腰是圆锥的两条母线，底边是底面圆的弦。

③　用不过圆锥顶点，与圆锥轴线的交角小于圆锥半顶角的平面去截圆锥得到的截面是双曲线弓形，弓形的弦是圆锥底面圆的弦。

④　用不过圆锥顶点，与圆锥轴线的交角等于圆锥半顶角的平面去截圆锥得到的截面是抛物线弓形，弓形的弦是圆锥底面圆的弦。

表 4-2   平面与圆锥体的截交线

截平面位置	截面垂直于圆锥轴线	截平面倾斜于圆锥轴线，且与所有素线相交	截面平行于圆锥面上的一条素线	截面平行于圆锥面上的两条素线	截面通过锥顶
截交线形状	圆	椭圆	抛物线与直线组成的封闭平面图形	双曲线与直线组成的封闭平面图形	三角形
立体图	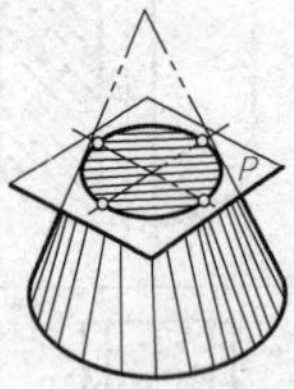	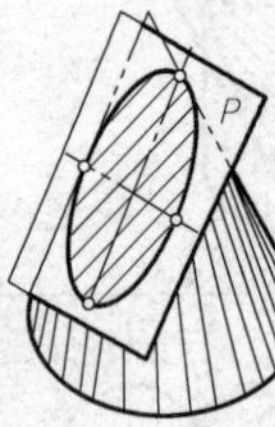	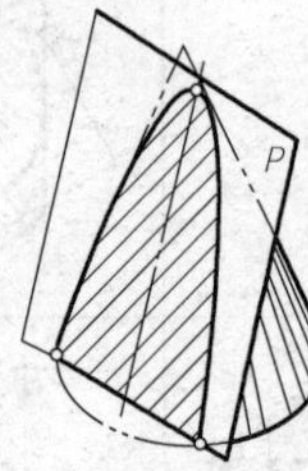	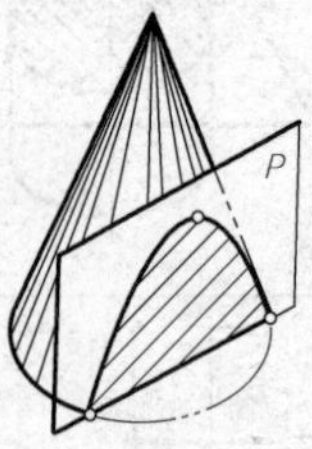	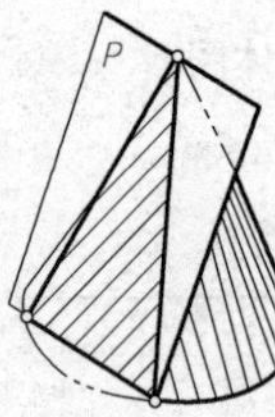
投影图	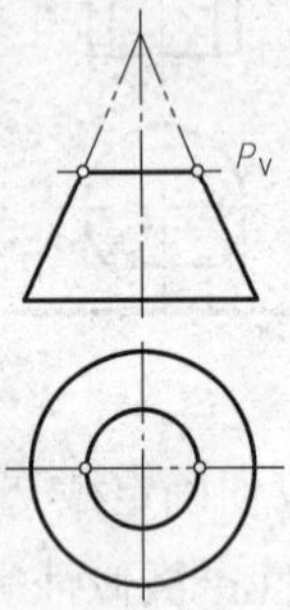	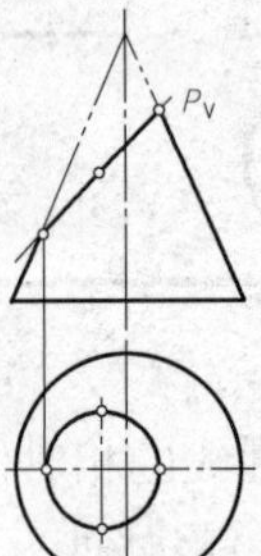	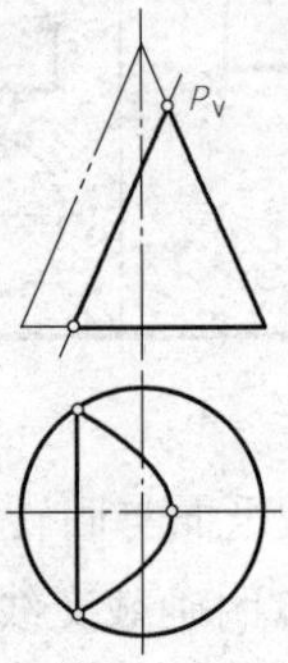	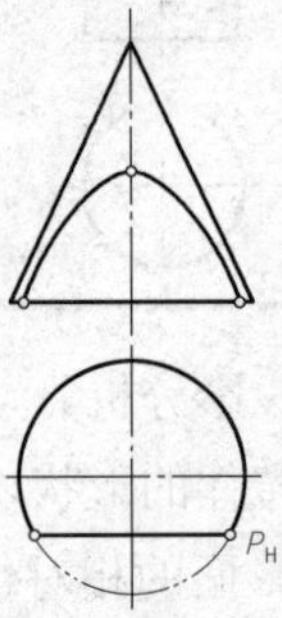	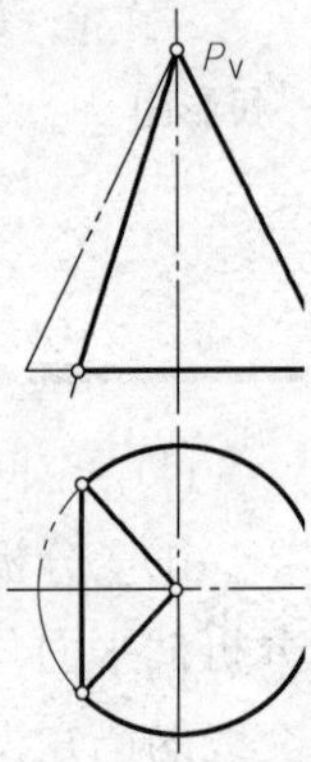

4.4　两立体相贯

有些建筑形体是由两个或两个以上的基本形体相交组成的。两相交的形体称为相贯体，它们的表面交线称为相贯线。相贯线的形状取决于两相交立体的形状、大小及其相对位置。当一立体全部棱线或素线都穿过另一立体时称为全贯；当两立体都只有一部分参与相交时称为互贯。全贯时一般有两条相贯线，互贯时只有一条相贯线。

1)　相贯线性质

(1)　共有性，相贯线是两立体表面的共有线；相贯线上的点是两立体表面的共有点。

(2)　封闭性，由于立体的表面是封闭的，因此相贯线在一般情况下是封闭的空间曲线或折线。

两平面立体的相贯线是一条闭合的空间折线(互贯)或两个相离的平面多边形(全贯)。各段折线可看做是两立体相应棱面的交线；相邻两折线的交点是某一立体的交线与另一立体的贯穿点。因此，求两平面立体相贯线的方法，实质上就是求两个相应棱面的交线，或求一立体的棱线与另一立体的贯穿点。

2) 求两平面立体的相贯线常用方法

(1) 交点法，先作出各个平面体的有关棱线与另一立体的交点，再将所有交点依次连成折线，即组成相贯线。连接交点的规则是：只有当两个交点对于每个立体来说都位于同一个棱面上时才能相连，否则不能相连。

(2) 交线法，将两平面立体上参与相交的棱面与另一平面立体各棱面求交线，交线即围成所求两平面立体的相贯线。

音频：求两平面立体的相贯线常用的方法.mp3

 本章小结

本章学生学习了平面立体的投影的分类，以及平面立体的投影的相关概念、形成、三视图的展开和三视图之间的规律，要求掌握平面立体的投影三视图的作图方法，；还学习了曲面立体投影、平面与立体相交的投影、两立体相贯的投影。学习完本章学生可以掌握基本的建筑形体投影的看图和绘图技巧。

 实训练习

一、单选题

1. 若一个几何体的主视图和左视图都是等腰三角形，俯视图是圆，则该几何体可能是（   ）。

    A. 圆柱　　　　　　B. 三棱柱　　　　　　C. 圆锥　　　　　　D. 球体

2. 下列几何体中，主视图，左视图，俯视图相同的几何体是（   ）。

    A. 球和圆柱　　　B. 圆柱和圆锥　　C. 正方的圆柱　　D. 球和正方体

3. 一个含有圆柱、圆锥、圆台和球的三视图中，一定含有（   ）。

    A. 四边形　　　B. 三角形　　　　C. 圆　　　　　D. 椭圆

4. 在原图中，两条线段平行且相等，则在直观图中对应的两条线段（   ）。

    A. 平行且相等　　　　　　　　B. 平行但不相等

    C. 相等但不平行　　　　　　　D. 既不平行也不相等

5. 下列属于中心投影的是（   ）。

    A. 三视图　　　　　　　　　　B. 人的视觉

    C. 斜二测画法　　　　　　　　D. 人在中午太阳光下的投影

二、多选题

1. 如果一个几何体的视图之一是三角形，那么这个几何体可能有（   ）。

    A. 圆锥   B. 球   C. 三棱锥

    D. 四棱柱   E. 以上答案都不对

2. 两平面立体的相贯线常用方法有(　　)两种。

    A. 交点法   B. 交线法   C. 交叉法

    D. 平行法   E. 以上答案都对

3. 求圆锥面上的投影，常用的方法有(　　)两种。

    A. 素线法   B. 纬圆法   C. 描点法

    D. 曲线法   E. 连点法

4. 标注尺寸的基本要素有(　　)。

    A. 尺寸界限   B. 尺寸线   C. 尺寸箭头

    D. 数字   E. 以上答案都不对

5. 尺寸界线的具体要求是(　　)。

    A. 必须用实线绘画   B. 不能画在其他图线的延长线上

    C. 标注要认真，字体工整   D. 不能出现交叉线

    E. 以上答案都不对

三、简答题

1. 简述球体投影的特点？

2. 如何求曲面立体表面的定点？

3. 平面体表面上点和直线的投影实质是什么？

第 4 章课后答案.docx

实训工作单

班级		姓名		日期	
教学项目		平面与曲面立体相交投影图绘制			
任务	绘制平面与圆锥相交的投影图		绘图工具	画板、丁字尺、铅笔、橡皮、图纸等	
相关知识		平面与曲面立体相交			
其他要求					

绘制流程记录

评语			指导教师	

第 5 章　建筑形体的常用表达方法

第 5 章课件.pptx

【教学目标】

- 了解物体的基本视图与辅助视图
- 掌握投影图、剖面图、断面图的画法
- 了解投影图、剖面图、断面图的区别
- 掌握建筑平面图、立面图、剖面图及建筑局部详图的识图方法

建筑形体常用的
表达方法.mp4

【教学要求】

本章要点	掌握层次	相关知识点
基本视图与辅助视图	1. 基本视图 2. 辅助视图	基本视图与辅助视图
剖面图	1. 剖面图的形成 2. 剖面图的标注 3. 剖面图的种类	剖面图基础知识
断面图	1. 断面图的形成 2. 断面图的种类	断面图相关知识

【引子】

建筑业是我国国民经济的重要支柱产业之一，涵盖与建筑生产相关的多种服务内容，包括规划、勘察、设计、建筑物的生产、施工、安装、建成环境运营、维护管理，以及相关的咨询和中介服务等，其关联度高、产业链长、就业面广的特性决定其在国民经济和社会发展中具有重要作用。

房屋施工图是用来表达建筑物构配件的组成、外形轮廓、平面布置、结构构造以及装饰、尺寸、材料做法等的工程图纸，是组织施工和编制预、决算的依据。

建造一幢房屋，从设计到施工，要由许多专业和不同工种共同配合完成。按专业分工不同，可分为：建筑施工图(简称建施)、结构施工图(简称结施)、电气施工图(简称电施)、给排水施工图(简称水施)、采暖通风与空气调节图(简称空施)及装饰施工图(简称装施)。

建筑施工图主要用来表达建筑设计的内容,即表示建筑物的总体布局、外部造型、内部布置、内外装饰、细部构造及施工要求。包括首页图、总平面图、建筑平面图、立面图、剖面图和建筑详图等。

本章主要介绍基本视图的表达方法,辅助视图(局部视图、展开视图、镜像视图)的表达方法与识读方法;剖面图的形成、图示方法、剖面图与断面图的区别以及断面图的配置方法;建筑形体的简化表示方法。

5.1 基本视图与辅助视图

5.1.1 基本视图

在三个相互垂直的投影面组成的三投影面体系中,得到主视图(正立投影面)、俯视图(水平投影面)、左视图(侧立投影面)三个视图。

如果在三投影面的基础上再加三个投影面,也就是在原来三个投影面的对面,再增加三个面,就构成了一个空间六面体,然后将物体再从右向左投影,得到右视图;从下向上投影,得到仰视图;从后向前投影,得到后视图。

基本视图与辅助视图.pdf

这样加上原来的三视图,就得到主视图、俯视图、左视图、右视图、仰视图、后视图。这六个视图称为基本视图。

其中主视图、俯视图、左视图分别用 V、H、W 表示。

5.1.2 辅助视图

辅助视图是有别于基本视图的视图表达方法。主要用于表达基本视图无法表达或不便于表达的形体结构。下面介绍几种常用的辅助视图。

1. 局部视图

将形体的某一部分向基本投影面投射所得到的视图称为局部视图,其目的是用于表达形体上局部结构的外形。

画图时,局部视图的名称用大写字母表示,标注在视图下方,在相应

音频:常用的辅助视图.mp3

视图附近用箭头指明投影部位和投影方向,并标注上同样的大写字母(如 A,B)。局部视图一般按投影关系配置,A 向视图如图 5-1 所示中。必要时也可配置在其他适当位置,B 向视图如图 5-1 所示。

局部视图的范围应以视图轮廓线和波浪线的组合表示,如图中的向视图;当所表示的局部结构形状完整,且轮廓线封闭时,波浪线可省略,向视图如图 5-1 所示。

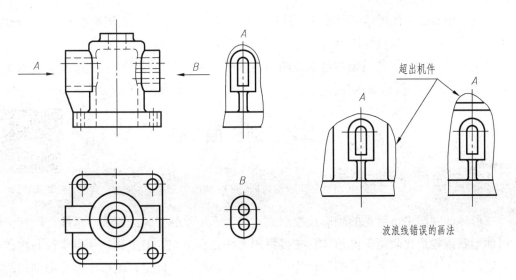

图 5-1　局部图

2. 旋转视图

旋转视图又称展开视图。当形体的某一部分与基本投影面倾斜时，假设将形体的倾斜部分旋转到与某一选定的基本投影面平行，再向该基本投影面投影，所得的视图称为旋转视图(又称展开视图)，其目的用于表达形体上倾斜部分的结构外形。

房屋中间部分的墙面平行于正立投影面，在正面上反映实形，而左右两侧面与正立投影面倾斜，其投影图不反映实形。为此，可假设将左右两侧墙面展至和中间墙面在同一平面上，这时再向正立投影面投影，则可以反映左右两侧墙面的实形。展开视图可以省略标注旋转方向及字母，但应在图名后加注"展开"字样。

3. 镜像视图

把镜面放在形体的下面，代替水平投影面，在镜面中反射得到的图像，称为镜像视图，如图 5-2 所示。

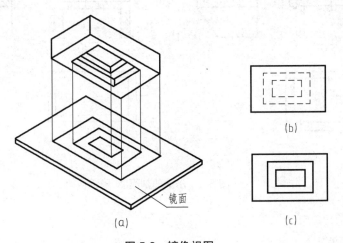

图 5-2　镜像视图

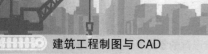

当直接用正投影法所绘制的图样虚线较多，不易表达清楚某些工程构造的真实情况时，对于这类图样可用镜像投影法绘制，但应在图名后注写"镜像"两字。

在室内设计中，镜像投影常用来反映室内顶棚的装修、灯具，或古代建筑中殿堂房顶上藻井(图案花纹)等的构造情况。

5.2 剖 面 图

剖面图.pdf

5.2.1 剖面图的形成

在形体的视图中，可见的轮廓线绘制成实线，不可见的轮廓线绘制成虚线。因此，对于内部形状或构造比较复杂的形体，在投影图上势必会出现较多虚线，使得实线与虚线相互交错，混淆不清，不利于看图和标注尺寸。为了解决这一问题，工程上常采用剖切的方法，即假设用剖切面在形体的适当部位将形体剖开，移去剖切面与观察者之间的部分，将剩余的部分向投影面投射，使内部结构变为可见，这样得到的投影图称为剖面图，简称剖面。有些专业图(如水利工程图、机械图)中所提及的剖视就是此处讲的剖面。

如图 5-3(a)所示为水槽的面投影图，其三面投影均出现了许多虚线，图样不够清晰。假设用一个通过水槽排水孔轴线，且平行于 V 面的剖切面 P 将水槽剖开，移走前半部分，将剩余的部分向 V 面投影，然后在水槽的断面内画上通用材料图例(如需指明材料，则画上的具体材料图例)，即得水槽的正视方向的剖面图，如图 5-3(c)所示。这时水槽的槽壁厚度、槽深、排水孔大小等均被表达得很清楚，又便于标注尺寸。同理，可用一个通过水槽排水孔轴线，且平行于 W 面的剖切面 2 剖开水槽，移去 2 面的左边部分，然后将形体剩余的部分向 W 面投射，得到另一个方向的剖面图，如图 5-3(d)所示。由于水槽下的支座在两个剖面图中已表达清楚，故在平面图中省去了表达支座的虚线。如图 5-3(b)所示为水槽的剖面图，

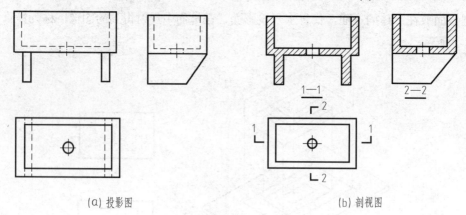

(a) 投影图　　　　　　　　　　　　　　　(b) 剖视图

图 5-3 水槽的剖面图

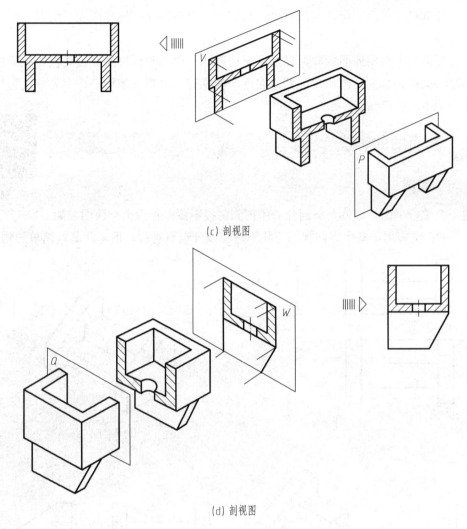

(c) 剖视图

(d) 剖视图

图 5-3　水槽的剖面图(续)

5.2.2　剖面图的标注

　　表示建筑物垂直方向及房屋各部分组成关系的图纸称为建筑剖面图。剖面图应表示出建筑各部分的高度、层数、建筑空间的组合利用，以及建筑剖面中的结构、构造关系、层次、做法等。剖面图的剖视位置应选在层高不同、层数不同、内外部空间比较复杂、最有代表性的部分，主要包括以下内容。

　　(1)　墙、柱、轴线、轴线编号。

　　(2)　室外地面、底层地(楼)面、地坑、地沟、机座、各层楼板、吊顶、屋架、屋顶、出屋面烟囱、天窗、挡风板、消防梯、檐口、女儿墙、门、窗、吊车、吊车梁、走道板、梁、铁轨、楼梯、台阶、坡道、散水、平台、阳台、雨篷、洞口、墙裙、雨水管及其他装修等可见内容。

(3) 外部尺寸：门、窗、洞口高度、总高度；内部尺寸：地坑深度、隔断、润口、平台、吊顶等。

(4) 标高句号底层地面标高，以上各层楼面、楼梯、平台标高、屋面板、屋面檐口、女儿坡顶、烟囱顶标高，高出屋面的水箱间、楼梯间、机房顶部标高，室外地面标高，底层以下的地下各层标高。

5.2.3 剖面图的种类

音频：剖面图的
种类.mp3

1. 全剖面图

用一个单一平面将形体全部剖开后所得到的投影图，称为全剖面图，如图 5-4 所示。它多用于某个方向视图形状不对称或外形虽对称，但形状却较简单的物体。

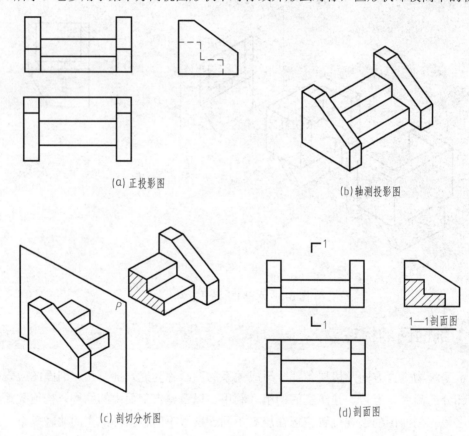

(a) 正投影图

(b) 轴测投影图

(c) 剖切分析图

1—1剖面图

(d) 剖面图

图 5-4　全剖面图

2. 半剖面图

当形体左右对称或前后对称，而外形比较复杂时，常把投影图一半画成正投影图，另一半画成剖面图，这样组合的投影图叫作半剖面图，如图 5-5 所示。这样作图不但可以同时表达形体的外形和内部结构，并且可以节省投影图的数量。

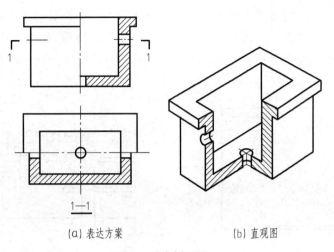

(a) 表达方案　　　　　　　　(b) 直观图

图 5-5　半剖面图

3. 阶梯剖面图

当物体内部结构层次较多时，用一个剖切平面不能将物体内部结构全部表达出来，这时可以用几个相互平行的平面剖切物体，这几个相互平行的平面可以是一个剖切面转折成几个相互平行的平面，这样得到的剖面图称为阶梯剖面图，如图 5-6 所示。

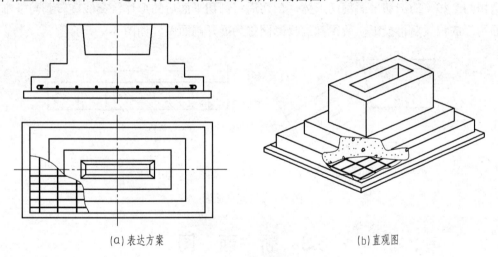

(a) 表达方案　　　　　　　　(b) 直观图

图 5-6　阶梯剖面图

4. 局部剖面图

在建筑工程和装饰工程中，常使用分层局部剖面图来表达屋面、楼面、地面、墙面等的构造和所用材料。分层局部剖面图是用几个相互平行的剖切平面分别将物体局部剖开，把几个局部剖面图重叠画在一个投影图上，用波浪线将各层的投影分开，如图 5-7 所示。

注意： 在工程图样中，正面投影中主要是表达钢筋的配置情况，所以图中未画钢筋混凝土图例。

作局部剖面图时，剖切平面图的位置与范围应根据物体需要而定，剖面图与原投影图用波浪线分开，波浪线表示物体断裂痕迹的投影，因此波浪线应画在物体的实体部分。波浪线既不能超出轮廓线，也不能与图形中其他图线重合。局部剖面图画在物体的视图内，所以通常无须标注。

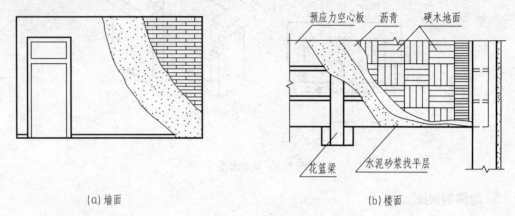

(a) 墙面   (b) 楼面

图 5-7 局部剖面图

5. 展开剖面图

用两个相交的剖切平面剖切形体，剖切后将剖切平面后的形体绕交线旋转到与基本投影面平行的位置后再投影，所得到的投影图称为展开剖面图，如图 5-8 所示。

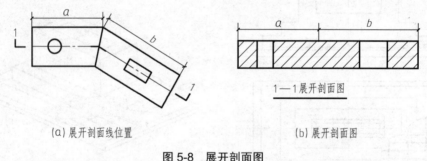

(a) 展开剖面线位置   (b) 展开剖面图

图 5-8 展开剖面图

5.3 断 面 图

5.3.1 断面图的形成

断面图是用假想的剖切平面将物体切开，移开剖切平面与观察者之间的部分，用正投影的方法，仅画出物体与剖切平面接触部分的平面图形，而剖切后按投影方向可能看到的形体其他部分的投影不画，并在图形内画上相应材料图例的投影图，如图 5-9 所示。

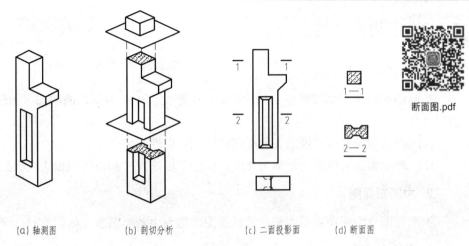

断面图.pdf

(a) 轴测图　　(b) 剖切分析　　(c) 二面投影面　　(d) 断面图

图 5-9　断面图

5.3.2　断面图与剖面图的区别

音频：断面图与剖面图的区别.mp3

断面图与剖面图的区别有以下 7 点。

(1)　在画法上，断面图只画出物体被剖开后断面的投影，而剖面图除了要画出断面的投影，还要画出物体被剖开剩余部分全部的投影。

(2)　断面图是断面的面的投影，剖面图是形体被剖开后剩余形体的投影。

(3)　剖切编号不同。剖面图用剖切位置线、投影方向线和编号表示，断面图只画剖切位置线与编号，用编号的注写位置来代表投射方向。

(4)　剖面图的剖切平面可以转折，断面图的剖切平面不能转折。

(5)　剖面图是为了表达物体的内部形状和结构，断面图常用来表达物体中某一局部的断面形状。

(6)　剖面图中包含断面图，断面图是剖面图的一部分。

(7)　在形体剖面图和断面图中，被剖切平面剖到的轮廓线都用粗实线绘制。

如图 5-10 所示。

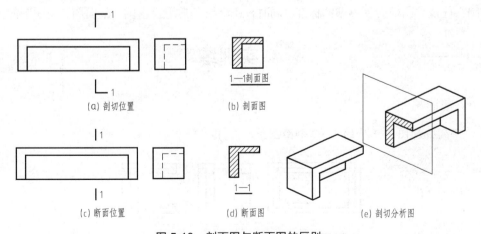

(a) 剖切位置　　(b) 剖面图

1—1剖面图

(c) 断面位置　　(d) 断面图　　(e) 剖切分析图

1—1

图 5-10　剖面图与断面图的区别

5.3.3 断面图的种类

1. 移出断面图

把断面图画在物体投影图的轮廓线之外的断面图，称为移出断面图。画断面图时应注意以下几点。

(1) 断面图应尽可能地放在投影图的附近，以便于识图。

(2) 断面图也可以适当地放大比例，以便于标注尺寸和清晰地表达内部结构。

2. 中断断面图

把断面图直接画在视图中断处的断面图，称为中断断面图，如图 5-11(a)所示。

3. 重合断面图

把断面图直接画在投影图轮廓线内，使断面图与投影图重合在一起的断面图，称为重合断面图，如图 5-11(b)所示。

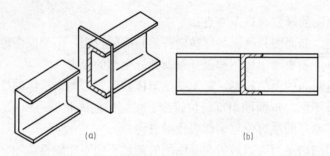

(a)   (b)

图 5-11   断面图

✅ 本章小结

本章主要介绍有关图纸基本视图、辅助视图、剖面图、断面图等方面的基本规范，它是绘制工程技术图样必须遵循的标准。同时，还介绍了常用投影图、剖面图、断面图的区别。

✅ 实训练习

一、单选题

1. 下列投影图中正确的 1—1 剖面图是(   )。

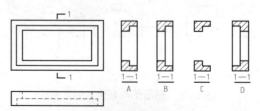

2. 有一栋房屋在图上量得长度为 50cm，用的是 1∶100 比例，其实际长度是(　　)。

    A. 5m　　　　　　B. 50m　　　　　　C. 500m　　　　　　D. 5000m

3. 在建筑工程图中，总平面图和标高用(　　)作为单位。

    A. mm　　　　　　B. cm　　　　　　C. m　　　　　　D. km

4. 施工平面图中标注的尺寸只有数量没有单位，按国家标准规定单位应该是(　　)。

    A. mm　　　　　　B. cm　　　　　　C. m　　　　　　D. km

5. 在建筑立面图中，表示建筑物的外轮廓用(　　)。

    A. 特粗实线　　　　B. 粗实线　　　　C. 中实线　　　　D. 细实线

二、多选题

1. 工程中所谓的三视图指的是(　　)。

    A. 正视图　　　　　　B. 侧视图　　　　　　C. 俯视图

    D. 透视图　　　　　　E. 轴测图

2. 在三个投影图之间还有"三等"关系，这个"三等"关系指(　　)。

    A. 正立面图的长与侧立面图的长相等　　B. 正立面图的长与平面图的长相等

    C. 正立面图的宽与平面图的宽相等　　D. 正立面图的高与侧立面图的高相等

    E. 平面图的宽与侧立面图的宽相等

3. 组合体尺寸根据其功能的不同可分为(　　)。

    A. 定形尺寸　　　　　B. 标注尺寸　　　　　C. 定位尺寸

    D. 总体尺寸　　　　　E. 组合尺寸

4. 一个完整的尺寸一般应包括(　　)部分。

    A. 尺寸界线　　　　　B. 尺寸线　　　　　C. 尺寸标注

    D. 尺寸起止符号　　　E. 尺寸数字

5. 结构图中断面图分为(　　)。

    A. 空间断面图　　　　B. 移出断面图　　　　C. 几何断面图

    D. 重合断面图　　　　E. 立体断面图

三、问答题

1. 简述剖面图的种类有哪些？

2. 断面图与剖面图的区别有哪些？

3. 简述断面图的含义？

第 5 章课后答案.docx

实训工作单

班级		姓名		日期	
教学项目		建筑识图制图具体实操作图			
任务	建筑形体：常用的表达方法		方法	基本视图、辅助视图、剖面图、断面图	
相关知识			基础识图知识		
其他要求					

绘制流程记录

评语				指导教师	

第 6 章课件.pptx

第6章　轴测投影

【教学目标】

- 了解轴测投影的基本知识
- 掌握正等轴测图的画法
- 掌握斜二轴测投影的画法

轴测投影.mp4

【教学要求】

本章要点	掌握层次	相关知识点
轴测投影	1.了解轴测投影的概念 2.掌握轴测投影分类	轴测投影的基本知识
正等轴测投影	1.掌握正等轴测图的画法 2.掌握平面体的正等测图画法 3.掌握圆及曲面体的正等测图画法	正等轴测图的画法
斜二轴测投影	1.斜二轴测图投影概述 2.斜二轴测投影图画法 3.工程上常用的投影图	斜二轴测投影图的画法

【引子】

　　将物体放在三个坐标面和投影线都不平行的位置，使其三个坐标面在一个投影上都能看到，从而具有立体感，称为"轴测投影"。这样绘出的图形，称为"轴测图"。轴测图常应用于工程技术及其他科学中。

　　在轴测图中，物体上与任一坐标轴平行的长度均可按一定的比率来量度。三轴向的比率都相同时称为"等测投影"，其中两轴向比率相同时称为"二测投影"，三轴向比率均不相同时称为"三测投影"。轴测投影中投射线与投影面垂直的称为"正轴测投影"，倾斜的称为"斜轴测投影"。

6.1 轴测投影的基本知识

6.1.1 轴测投影的概述

1. 轴测投影的基本概念

轴测图是一种单一投影面视图，在同一投影面上能同时反映出物体三个坐标面的形状，并接近于人们的视觉习惯，形象逼真并富有立体感。但轴测图一般不能反映物体单个表面的实形，因而度量性差，制图也较复杂。因此，常把轴测图作为辅助图样，来说明机器的结构、安装、使用等情况。

用平行投影法将物体连同确定物体空间位置的直角坐标系一起投射到单一投影面，所得的投影图称为轴测图。

2. 轴测投影的形成

将长方体向 V、H 面作正投影得主俯两视图，若用平行投影法将长方体连同固定在其上的参考直角坐标系一起沿不平行于任何一个坐标平面的方向投射到一个选定的投影面上，在该面上得到的具有立体感的图形称为轴测投影图，又称轴测图，如图 6-1 所示。

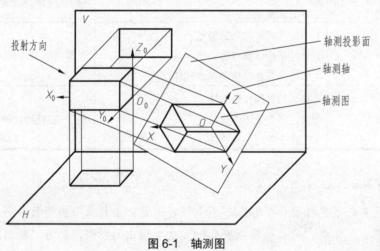

图 6-1 轴测图

3. 轴测投影的特性

由于轴测图是用平行投影法得到的，因此具有以下特性。

(1) 空间相互平行的直线，它们的轴测投影互相平行。

(2) 空间中凡是与坐标轴平行的直线，在其轴测图中也必与轴测轴互相平行。

(3) 空间中两平行线段或同一直线上的两线段长度之比，在轴测图上保持不变。

音频：轴测投影的
特性.mp3

6.1.2 轴测投影的分类

轴测图分为正轴测图和斜轴测图两大类。当投影方向垂直于轴测投影面时，称为正轴测图。当投影方向倾斜于轴测投影面时，称为斜轴测图。

(1) 正轴测图按三个轴向伸缩系数是否相等又分为三种。

①正等测图，简称正等测：三个轴向伸缩系数都相等；②正二测图，简称正二测：只有两个轴向伸缩系数相等；③正三测图，简称正三测：三个轴向伸缩系数各不相等。

(2) 斜轴测图也相应地分为三种。

①斜等测图，简称斜等测：三个轴向伸缩系数都相等；②斜二测图，简称斜二测：只有两个轴向伸缩系数相等；③斜三测图，简称斜三测：三个轴向伸缩系数各不相等。

轴测图的分类.pdf.

由此可见，正轴测图是由正投影法得来的，而斜轴测图则是用斜投影法得来的。

6.2 正等轴测投影

6.2.1 轴间角和轴向变形系数

正等测的轴间角 $\angle X_1O_1Y_1$、$\angle Y_1O_1Z_1$、$\angle X_1O_1Z_1$ 均为 120°，3 个轴向伸缩系数 $p=q=r=0.82$。为了制图简便，采用轴向简化伸缩系数，即 $p=q=r=1$，于是所有平行于轴向的线段都按原长量取，这样画出来的轴测图就沿着轴向放大了 1/0.82～1.22 倍，但形状不变。作图时，O_1Z_1 轴一般画成铅垂线，O_1X_1、O_1Y_1 与水平成 30°角，如图 6-2 所示。

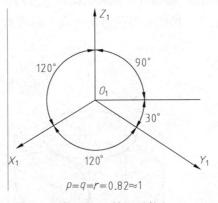

$$p=q=r=0.82\approx 1$$

图 6-2 正等测系数

音频：画轴测图的
方法.mp3

6.2.2 平面体的正等轴测图画法

画轴测图的方法有坐标法、切割法和叠加法三种，绘制轴测图最基本的方法是坐标法。

1) 坐标法

画轴测图时，先在物体三视图中确定坐标原点和坐标轴，然后按物体上各点的坐标关系采用简化轴向变形系数，依次画出各点的轴测图，由点连线而得到物体的正等测图。坐标法是画轴测图最基本的方法。

2) 切割法

在平面立体的轴测图上，图形由直线组成，制图比较简单，且能反映各种轴测图的基本绘图方法，因此，在学习轴测图时，一般先从平面立体的轴测图入手。当平面立体上的多数平面和坐标平面平行时，可采用叠加或切割的方法绘制，画图时，可先画出基本形体的轴测图，然后再用叠加法和切割法逐步完成作图。画图时，可先确定轴测轴的位置，然后沿与轴测轴平行的方向，按轴向缩短系数直接量取尺寸。特别值得注意的是，在画和坐标平面不平行的平面时，不能沿与坐标轴倾斜的方向测量尺寸。

3) 叠加法

绘制轴测图时，要按形体分析法画图，先画基本形体，然后从大的形体着手，由小到大，采用叠加或切割的方法逐步完成。在切割和叠加时，要注意形体位置的确定方法。轴测投影的可见性比较直观，对不可见的轮廓可省略虚线，在轴测图上形体轮廓能否被挡住要通过制图判断，不能凭感觉。

6.2.3 圆及曲面体的正等轴测图画法

圆及曲面体的正等测图.pdf

1. 圆的正轴测图的画法

平行于不同坐标面的圆的正等测图平行于坐标面的圆的正等测图都是椭圆，除了长短轴的方向不同外，画法都是一样的。三种不同位置的圆的正等测图如图 6-3 所示。绘制圆的正等测图时，必须弄清椭圆长短轴的方向。从图中即可看出，椭圆长轴的方向与菱形的长对角线重合，椭圆短轴的方向垂直于椭圆的长轴，即与菱形的短对角线重合。

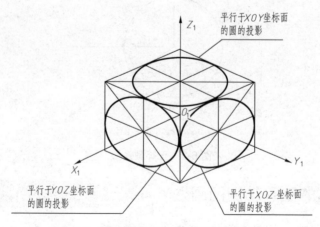

图 6-3　平行于各坐标面圆的正等测投影

通过分析还可以看出椭圆的长短轴和轴测轴有关。

(1) 圆所在平面平行 XOY 面时，它的轴测投影——椭圆的长轴垂直 O_1Z_1 轴，即成水平位置，短轴平行 O_1Z_1 轴。

(2) 圆所在平面平行 XOZ 面时，它的轴测投影——椭圆的长轴垂直 O_1Y_1 轴，即向右方倾斜，并与水平线呈 $60°$ 角，短轴平行 O_1Y_1 轴。

(3) 圆所在平面平行 YOZ 面时，它的轴测投影——椭圆的长轴垂直 O_1X_1 轴，即向左方倾斜，并与水平线呈 $60°$ 角，短轴平行 O_1X_1 轴。

概括起来就是：平行坐标面的圆(视图上的圆)的正等测投影是椭圆，椭圆长轴垂直于不包括圆所在坐标面的那根轴测轴，椭圆短轴平行于该轴测轴。

2. 曲面立体正轴测图的画法

用例题讲解正轴测图的画法。圆柱和圆台的正轴测图如图 6-4 所示，制图时，先分别作出其顶面和底面的椭圆，再绘制其公切线即可。

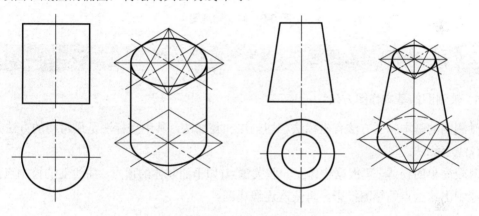

图 6-4 曲面立体正轴测图的画法

6.3 斜二轴测投影

6.3.1 斜二轴测投影概述

1. 概念

斜二轴测图是由斜投影方式获得的，当选定的轴测投影面平行于 V 面，投射方向倾斜于轴测投影面，并使 OX 轴与 OY 轴夹角为 $135°$，沿 OY 轴的轴向伸缩系数为 0.5 时，所得的轴测图就是斜二等轴测图，简称斜二轴测图，如图 6-5 所示。

2. 特点

由于斜二轴测图的 X_0Z 面与物体参考坐标系的 $X_0O_0Z_0$ 面平行，所以物体上与正面平行的平面的轴测投影均反映实形。斜二轴测图的轴间角是：$\angle XOY = \angle YOZ = 135°$，

$\angle ZOX = 90°$。在沿 OX、OZ 方向上,其轴向伸缩系数是 1,沿 OY 方向则为 0.5。给出了斜二测的轴间角和一个长方体的斜二轴测图。

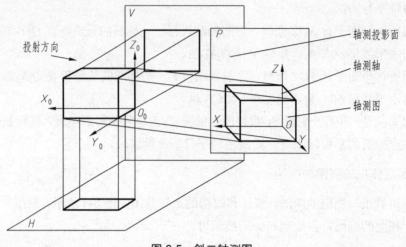

图 6-5 斜二轴测图

6.3.2 斜二轴测投影图画法

1. 轴测图的基本作图方法

轴测图的基本制图方法有坐标法、切割法和叠加法,其中坐标法是最常用的方法。

(1) 坐标法。

对较简单的物体,可根据物体上一些关键点(如平面立体的顶点、曲线上的控制点)的坐标值绘制出这些点的轴测投影,再依次连线成图。

(2) 切割法。

对较复杂的物体,用形体分析法可将其看成是由一个形状简单的基本体逐步切割而成的,先画出该简单形体的轴测图,再在其上逐步切割。

(3) 叠加法。

对比较复杂的物体,用形体分析法可将其看成是由几个简单的基本体叠加而成的,把这些基本体的轴测图按照相对位置关系叠加即可得到整个物体的轴测图。

2. 基本作图步骤

绘制物体的轴测图时,首先选择确定要画哪种轴测图,从而确定各轴间角和轴向伸缩系数。轴测图可根据已确定的轴间角,画出坐标原点和轴测轴,一般 Z 轴常画出铅垂位置。利用三种基本制图方法逐个画出各顶点或线段,用粗实线画出物体的可见轮廓线,在轴测图中,为了使画出的图形有立体感,通常不画出物体的不可见轮廓线,只必要时用虚线画出物体的不可见轮廓线。

6.3.3 工程上常用投影图

1. 透视图

用中心投影法将空间形体投射到单一投影面上得到的图形称为透视图。透视图与视觉习惯相符，能体现近大远小的效果，所以形象逼真，具有丰富的立体感，但制图比较麻烦，且度量性差，常用于绘制建筑效果图如图 6-6 所示。

2. 轴测图

将空间形体正放，并用斜投影法画出的图，或将空间形体斜放，并用正投影法画出的图称为轴测图。形体上互相平行且长度相等的线段，在轴测图上仍互相平行、长度相等。轴测图虽不符合近大远小的视觉习惯，但仍具有很强的直观性，所以在工程上得到广泛应用如图 6-7 所示。

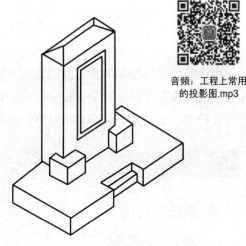

图 6-6　建筑透视图　　　　　　　　图 6-7　建筑轴测图

3. 标高投影图

用正投影法将局部地面的等高线投射在水平的投影面上，并标注出各等高线的高程，从而表达该局部的地形。这种用标高来表示地面形状的正投影图，称为标高投影图，如图 6-8 所示。

4. 正投影图

根据正投影法所得到的图形称为正投影图。正投影图直观性不强，但能正确反映物体的形状和大小，且制图方便，度量性好，所以在工程上应用最广。绘制房屋建筑图主要用正投影，今后不作特别说明，"投影"即指"正投影"如图 6-9 所示。

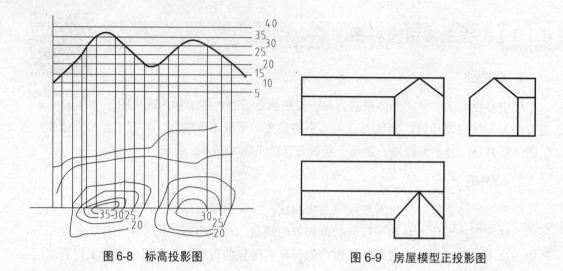

图 6-8　标高投影图　　　　　　　　　图 6-9　房屋模型正投影图

✓ 本章小结

　　本章学习了轴投影的基本知识，以及轴投影的相关概念、分类及特性，要求掌握轴测投影图的形成和正等轴测图的画法；学习了正等轴测(正等测)投影；学习了轴测图的相关概念以及特性，其中重点学习了常用的正轴测投影图。

✓ 实训练习

一、单选题

1. 主视图与左视图(　　)。

　　A. 长对正　　　　　B. 高平齐　　　　　C. 宽相等　　　　　D. 以上答案都对

2. 为了将物体的外部形状表达清楚，一般采用(　　)个视图来表达。

　　A. 三　　　　　　　B. 四　　　　　　　C. 五　　　　　　　D. 六

3. 三视图是采用(　　)得到的。

　　A. 中心投影法　　　B. 正投影法　　　　C. 斜投影法　　　　D. 斜二测投影法

4. 当一个面平行于一个投影面时，必(　　)于另外两个投影面。

　　A. 平行　　　　　　B. 垂直　　　　　　C. 倾斜　　　　　　D. 相等

5. 当一条线垂直于一个投影面时，必(　　)于另外两个投影面。

　　A. 平行　　　　　　B. 垂直　　　　　　C. 倾斜　　　　　　D. 相等

二、多选题

1. 由于轴测图是用平行投影法得到的，因此具有以下投影特性(　　)。

　　A. 空间相互平行的直线，它们的轴测投影互相平行

B. 立体上凡是与坐标轴平行的直线，在其轴测图中也必与轴测轴互相平行

C. 立体上两平行线段或同一直线上的两线段长度之比，在轴测图上一直在变

D. 平行投影法将物体连同确定物体空间位置的直角坐标系一起投射到单一投影面

E. 以上答案都对

2. 绘制轴测图最基本的方法是(　　)。

　　A. 坐标法　　　　　　B. 切割法　　　　　C. 连点法

　　D. 叠加法　　　　　　E. 以上答案都不对

3. 工程上常用的投影图有(　　)。

　　A. 透视图　　　　　　　　B. 轴测图　　　　　　　　C. 标高投影图

　　D. 正视图　　　　　　　　E. 以上答案都对

4. 正轴测图按三个轴向伸缩系数是否相等而分为哪几种？(　　)

　　A. 正等测图，简称正等测：三个轴向伸缩系数都相等

　　B. 正二测图，简称正二测：只有两个轴向伸缩系数相等

　　C. 正三测图，简称正三测：三个轴向伸缩系数各不相等

　　D. 侧视图，有两个轴的收缩系数都相等

　　E. 以上答案都不对

5. 斜轴测图也相应地分为(　　)。

　　A. 斜等测图，简称斜等测：三个轴向伸缩系数都相等

　　B. 斜二测图，简称斜二测：只有两个轴向伸缩系数相等

　　C. 斜三测图，简称斜三测：三个轴向伸缩系数各不相等

　　D. 斜测视图，简称斜视图：只有两个轴向伸缩系数相等

　　E. 以上答案都不对

三、简答题

1. 轴测投影的分类都有哪些？

2. 列举平面体的正等轴测图画法？

3. 简述圆及曲面体的正等测图画法的不同？

第6章课后答案.docx

实训工作单

班级		姓名		日期	
教学项目		轴测投影			
任务	轴测投影的特性			分类	轴测投影、正等轴测投影、斜轴测投影
相关知识		投影画法			
其他项目					

工程过程记录

| 评语 | | | | 指导教师 | |

第 7 章课件.pptx

第 7 章　建筑工程图的识读

- 了解建筑物的基本组成和作用
- 掌握建筑施工图的内容
- 了解建筑施工图首页图及总平面图
- 掌握建筑平面图、立面图、剖面图及局部详图的识图方法

本章要点	掌握层次	相关知识点
房屋建筑物概述	1.了解建筑物的基本组成 2.了解建筑物的作用	建筑物的组成和作用
建筑施工图的内容	1.了解建筑施工图的分类 2.掌握建筑施工图的识图方法	建筑施工图
建筑施工图首页图及总平面图	1.建筑施工图首页图及总平面图基本内容 2.掌握识图方法	施工图首页图及总平面图
建筑平面图、立面图、剖面图及局部详图	1.了解建筑平面图、立面图、剖面图及局部详图的基本内容 2.掌握建筑平面图、立面图、剖面图及局部详图基本识图方法	建筑平面图、立面图、剖面图及局部详图
结构施工图	1.了解结构施工图概念及表示方法 2.掌握制图步骤及注意事项	楼层结构平面图

随着我国经济的稳步发展，建筑业已成为当今最具有活力的一个行业。建筑施工图的识读是建筑工程施工的基础，也是建筑工程施工的依据。建筑施工图是用来表示房屋的规划位置、外部造型、内部布置、内外装修、细部构造、固定设施及施工要求等的图纸。它包括施工图首页、总平面图、平面图、立面图、剖面图和详图。结构施工图指的是关于承重构件的布置、使用的材料、形状、大小及内部构造的工程图样，是承重构件以及其他受

力构件施工的依据。结构施工图包含以下内容：结构总说明、基础布置图、承台配筋图、地梁布置图、各层柱布置图、各层柱配筋图、各层梁配筋图、屋面梁配筋图、楼梯屋面梁配筋图、各层板配筋图、屋面板配筋图、楼梯大样、节点大样。

7.1 房屋建筑图概述

7.1.1 建筑物的基本组成和作用

房屋建筑图.mp4

1. 建筑物的分类

(1) 建筑物根据其使用性质，通常可以分为生产性建筑和非生产性建筑两大类。

(2) 生产性建筑可以根据其生产内容划分为工业建筑、农业建筑等不同的类别，非生产性建筑统称为民用建筑。

民用建筑根据其使用功能，又可再分为居住建筑和公共建筑两大类。

居住建筑一般包括住宅和宿舍。

(3) 公共建筑所涵盖的面较广，按其功能特征大致可分为：生活服务性建筑、文教建筑、托幼建筑、科研建筑、医疗建筑、商业建筑、行政办公建筑、交通建筑、通信广播建筑、体育建筑、观演建筑、展览建筑、旅馆建筑、园林建筑、纪念性建筑和宗教建筑等。

(4) 建筑一般由基础、墙、楼板层、地坪、楼梯、屋顶和门窗等构成。对不同使用功能的建筑，还有各种不同的构件和配件，如阳台、雨篷、烟囱、散水、垃圾井等，如图7-1所示。

2. 建筑物一般构件的作用

1) 基础

作为建筑物地面以下的承重结构，基础起到了至关重要的作用，它要承担上部结构传来的荷载，支撑起建筑物上部结构使之稳定矗立，并且将荷载和基础自重一起传递到地基上。鉴于地基在地下工程中的重要性，它需严格满足房屋建筑的相关规范要求。

(1) 基础自身要具有较高的强度和刚度才能确保有足够的能力承担上部结构的荷载。

(2) 基础下部的地基除了要满足强度和刚度的要求外，还要控制其沉降量，避免沉降过多而造成建筑物的下沉、倾斜倒塌，若能合理有效的控制就能提高建筑物的稳定性。

在基础自身要求得以满足后，还要考虑安装设备管线时预留管道孔，以防建筑物的沉降与这些设备管线产生不良剪切。一般情况下，基础的造价要在总造价中占到 30%左右，因此，根据上部结构和现场施工条件确定基础的形式和构造方案，在满足安全合理的前提下选择造价低的基础有利于成本的降低，提高经济效益。

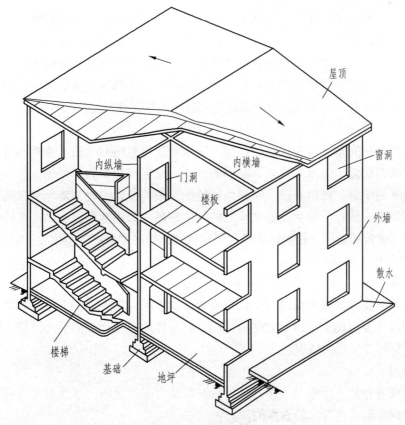

图 7-1　建筑的构成

2)　墙

墙作为建筑物的竖向承重构件，其作用是承担由屋顶或者楼板传来的上部荷载，再将荷载传递给基础；为了室内不会遭到风雨雪等自然环境的不利影响，墙体还起到围护作用，此外还具有分隔建筑物内部空间的作用，根据对空间的需求进行隔断，既可合理利用空间的作用，还可美化和装饰。

3)　柱

同样，柱也是建筑物的竖向构件，不同的是它所要承担的是屋顶或楼板和梁传来的荷载，并且受力较为集中，最后把荷载传递给地基，在结构形式上与墙相比，截面尺寸较小，高宽比很大。作为围护构件，外墙起着抵御自然界各种因素对室内侵袭的作用；内墙起着分隔房间、创造室内舒适环境的作用。

4)　楼板层

楼层板承受着家具、设备和人体的荷载以及本身自重，并将这些荷载传给墙；此外还对墙身起着水平支撑的作用。

从空间分布来看，楼板层是建筑物的水平分隔构件，主要承担着人和家具等设备的荷载，再将这些荷载传递给墙或梁柱或地基。楼层与地层又不相同，前者分隔的是上下空间，而后者分隔的是底层空间。由于它们所处的位置不同，这就决定了它们的受力也不同。

为了保证楼板的正常使用，设计人员要让楼板具有足够的强度和刚度，这是保证结构安全的首要条件，其次，为了避免上下空间的相互干扰，必须做好隔声工作，为用户提供一个良好的居住环境；楼板还要具有防火能力，一旦发生火灾楼板的强度和刚度将会大幅度降低，危及人们的生命和财产的安全；此外，对于某些特殊要求的部位，要做好防潮、防水等工作。当所有工作相互配合，满足要求后才能保证建筑物的使用。

5）地坪

地坪是底层房间与土层相接触的部分，它承受底层房间的荷载，要求具有一定的强度和刚度，并具有防潮、防水、保暖、耐磨的性能。地层和建筑物室外场地有密切的关系，要处理好地坪与平台、台阶及建筑物沿边场地的关系，使建筑物与场地交接明确，整体和谐。地坪适用于一些对于卫生条件要求比较高的场所比如说地面、食品厂车间地面、制药厂车间地面、实验楼地面、机房地面等；要求抗冲压抗腐蚀耐磨的地面比如说地下停车场、工厂库房(过叉车区域)等。

6）楼梯

楼梯是楼房建筑的垂直交通设施，发挥着运输作用，供人们上下楼层和紧急疏散。因此，楼梯的设计要遵循上下通行方便的原则，有足够的通行和疏散能力，防火性能要高，绝不可出现楼梯先倒塌的情况。

7）屋顶

屋顶抵御着自然界雨雪及太阳热辐射等对顶层房间的影响；承受着建筑物顶部荷载，并将这些荷载传给垂直方向的承重构件。

屋顶的构造设计和施工工艺在房屋建筑中十分重要，是建筑物最上层起覆盖作用的围护构件，其主要功能为屋顶防止风、雨、雪、日晒等的侵蚀，还要承担自重和屋顶上部各种荷载，再将这些荷载传递给墙或者梁柱。与楼层相同，它在设计中也应当满足保温隔热、防潮防火等性能的要求。

8）门窗

门和窗主要提供通行和分隔房间的作用，充当建筑物的两个围护结构。门主要发挥交通出入、分隔联系空间、采光和通风的作用；窗的主要功能除了采光和通风外，还兼具观察的作用。虽然门窗的设计没有基础、墙柱等结构那么要求严格，但是设计人员同样不可忽略其重要性，要满足坚固耐用、功能合理的基本要求。根据不同的房屋要求，门窗的级别也不相同，要依据使用功能的要求选择合适的门窗，以达到特殊要求的最终效果。

7.1.2 建筑施工图的内容

建筑施工图是用来表示房屋的规划位置、外部造型、内部布置、内外装修、细部构造、固定设施及施工要求等的图纸。它包括施工图首页、总平面图、平面图、立面图、剖面图和详图。

1. 施工图分类

根据施工图所表示的内容和各工种不同，分为不同的图件：建筑施工

音频：施工图分类.mp3

图、结构施工图、设备施工图。

1) 建筑施工图

建筑施工图主要用来表示建筑物的规划位置、外部造型、内部各房间的布置、内外装修构造和施工要求的图件。

主要图件有：施工首页图、建筑总平面图、建筑平面图、建筑立面图、建筑剖面图和建筑详图(主要详图有外墙身剖面详图、楼梯详图、门窗详图、厨厕详图)，简称"建施"。

2) 结构施工图

结构施工图主要表示建筑物承重结构的结构类型、结构布置，构件种类、数量、大小及做法的图件。

主要图件有：结构设计说明、结构平面布置图、基础平面图、柱网平面图、楼层结构平面图及屋顶结构平面图和结构详图(基础断面图，楼梯结构施工图，柱、梁等现浇构件的配筋图)，简称"结施"。

3) 设备施工图

设备施工图主要表达建筑物的给排水、暖气通风、供电照明等设备的布置和施工要求的图件。因此设备施工图又分为三类图件。

(1) 给排水施工图：表示给排水管道的平面布置和空间走向、管道及附件做法和加工安装要求的图件。包括管道平面布置图、管道系统图、管道安装详图和图例及施工说明。

(2) 采暖通风施工图：主要表示管道平面布置和构造安装要求的图件。包括管道平面布置图、管道系统图、管道安装详图和图例及施工说明。

(3) 电气施工图：主要表示电气线路走向和安装要求的图件。包括线路平面布置图、线路系统图、线路安装详图和图例及施工说明，简称"设施"。

2. 房屋施工图特点

(1) 大多数图样用正投影法绘制。

音频：房屋施工图的特点.mp3

(2) 用较小的比例绘制：基本图常用的绘图比例是 1∶100，也可选用 1∶50 或 1∶200，总平面图的绘图比例一般为 1∶500、1∶1000 或 1∶2000，详图的绘图比例较大一些，如 1∶2、1∶5、1∶10、1∶20、1∶30 等，相对于建筑物的大小，在绘图时均要缩小。

(3) 用图例符号来表示房屋的构件、配件和材料：由于绘图比例较小，房屋的构件、配件和材料都是用图例符号表示，要识读房屋施工图，必须熟悉建筑的相关图例。

为了便于查阅图件和档案管理，方便施工，一套完整的房屋施工图总是按照一定的次序进行编排装订，对于各专业图件，在编排时要按以下要求进行。

首先是基本图在前，详图在后。

其次是先施工的在前，后施工的在后。

最后是重要的在前，次要的在后。

3. 一套完整的房屋施工图编排次序

1) 首页图

首页图列出了图纸目录，在其中有各专业图纸的图件名称、数量、所在位置，反映出了一套完整施工图纸的编排次序，便于查找。

2) 设计总说明

(1) 工程设计的依据：建筑面积、单位面积造价、有关地质、水文、气象等方面资料。

(2) 设计标准：建筑标准、结构荷载等级、抗震设防标准、采暖、通风、照明标准等。

(3) 施工要求：施工技术要求；建筑材料要求，如水泥标号、混凝土强度等级、砖的标号、钢筋的强度等级，水泥砂浆的标号等。

3) 建筑施工图

总平面图—建筑平面图(底层平面图、标准层平面图、顶层平面图、屋顶平面图)—建筑立面图(正立面图、背立面图、侧立面图)—建筑剖面图—建筑详图(厨厕详图、屋顶详图、外墙身详图、楼梯详图、门窗详图、安装节点详图等)。

4) 结构施工图

结构设计说明—基础平面图—基础详图—结构平面图(楼层结构平面图、屋顶结构平面图)—构件详图(楼梯结构施工图、现浇构件配筋图)。

5) 给排水施工图

管道平面图—管道系统图—管道加工安装详图—图例及施工说明。

6) 采暖通风施工图

管道平面图—管道系统图—管道加工安装详图—图例及施工说明。

7) 电气施工图

线路平面图—线路系统图—线路安装详图—图例及施工说明。

4. 阅读房屋施工图的基本方法

1) 基本要求

(1) 具备正投影的基本知识，掌握点、线、面正投影的基本规律。

(2) 熟悉施工图中常用的图例、符号、线型、尺寸和比例的含义。

音频：阅读房屋施工图的方法.mp3

(3) 熟悉各种用途房屋的组成和构造上的基本情况。

2) 阅读顺序

阅读顺序要从大局入手，按照施工图的编排次序，由粗到细、前后对照阅读。

(1) 阅读首页图：从首页图中的图纸目录中可以了解到该套房屋施工图由哪几类专业图纸组成，各专业图纸有多少张，每张图纸的图名及图号。

(2) 阅读设计总说明：从中可了解设计的依据、设计标准以及施工中的基本要求，也可了解到图中没有绘出而设计人员认为应该说明的内容。

(3) 按照建筑施工图—结构施工图—设备施工图这一顺序逐张阅读。

(4) 基本图和详图要对照阅读，看清楚各专业图纸表示的主要内容。

(5) 如果建筑施工图和结构施工图发生矛盾，应以结构施工图为准(构件尺寸)，以保证建筑物的强度和施工质量。

建筑施工图和结构
施工图.mp4

7.2 建筑施工图

7.2.1 首页图和总平面图

建筑施工图首页图是建筑施工图的第一张图样，主要内容包括图样目录、设计说明、工程做法表和门窗表。

1. 图样目录

图样目录说明工程由哪几类专业图样组成，各专业图样的名称、张数和图纸顺序，以便查阅图样。

2. 工程做法表

1) 工程做法的组成

工程做法表主要是对建筑各部位构造做法用表格的形式加以详细说明。在表中对各施工部位的名称、做法等详细表达清楚，如采用标准图集中的做法，应注明所采用标准图集的代号，做法编号，如有改变，在备注中说明。

2) 门窗表

门窗表是对建筑物上所有不同类型的门窗统计后列成的表格，以备施工、预算需要。在门窗表中应反映门窗的类型、大小、所选用的标准图集及其类型编号，如有特殊要求，应在备注中加以说明。

3. 建筑总平面图的内容

(1) 保留的地形和地物。

(2) 测量坐标网、坐标值，场地范围的测量坐标(或定位尺寸)，道路红线、建筑控制线、用地红线。

(3) 场地四邻原有及规划的道路、绿化带等的位置(主要坐标或定位尺寸)和主要建筑物及构筑物的位置、名称、层数、间距。

(4) 建筑物、构筑物的位置，人防工程、地下车库、油库、贮水池等隐蔽工程用虚线表示。

(5) 与各类控制线的距离，主要建筑物、构筑物应标注坐标(或定位尺寸)；与相邻建筑物之间的距离及建筑物总尺寸、名称(或编号)、层数。

(6) 道路、广场的主要坐标(或定位尺寸)，停车场及停车位、消防车道及高层建筑消防扑救场地的布置，必要时加绘交通流线示意。

(7) 绿化、景观及休闲设施的布置示意，并标注出护坡、挡土墙，排水沟等。

(8) 指北针或风向频率玫瑰图。

(9) 主要技术经济指标表。

(10) 说明栏内注写：尺寸单位、比例、地形图的测绘单位、日期、坐标及高程系统名称(若是场地建筑坐标网，应说明其与测量坐标网的换算关系)、补充图例及其他必要的说明等。

4. 建筑总平面图的布置

建筑总平面图布置的是建筑物及附属物与建筑物所在场地、道路的相互关系。

应当依据已经依法批准的控制性详细规划，对所在地块的建设提出具体的安排和设计。其内容包括：

(1) 建设条件分析及综合技术经济论证。

(2) 建筑、道路和绿地等的空间布局和景观规划设计，布置总平面图。

(3) 对住宅、医院、学校和托幼等建筑进行日照分析。

(4) 根据交通影响分析，提出交通组织方案和设计方案。

(5) 市政工程管线规划设计和管线综合设计。

(6) 竖向规划设计。

(7) 估算工程量、拆迁量和总造价，分析投资效益。

基本可以归纳为五图一书，"五图"是现状图、用地规划图、道路管线工程规划图、环保环卫绿化规划图、近期建设规划图；"一书"是规划说明书。

7.2.2 建筑平面图

建筑平面图.pdf

1. 建筑平面图的概念

建筑平面图，简称平面图，是一种假设在房屋的窗台以上作水平剖切后，移去上面部分后作剩余部分的正投影而得到的水平剖面图。是将新建建筑物或构筑物的墙、门窗、楼梯、地面及内部功能布局等建筑情况，以水平投影方法和相应的图例所组成的图纸。如图 7-2 所示。

对多层楼房，原则上每一楼层均要绘制一个平面图，并在平面图下方注写图名(如底层平面图、二层平面图等)；若房屋某几层平面布置相同，可将其作为标准层，并在图样下方注写适用的楼层图名(如三、四、五层平面图)。若房屋对称，可利用其对称性，在对称符号的两侧各画半个不同楼层平面图。

2. 建筑平面图的作用

它反映出房屋的平面形状、大小和布置；墙、柱的位置、尺寸和材料；门窗的类型和位置等。建筑平面图可作为施工放线，砌筑墙、柱，门窗安装和室内装修及编制预算的重要依据。

3. 建筑平面图的意义

建筑平面图作为建筑设计、施工图纸中的重要组成部分，它反映建筑物的功能需要、平面布局及其平面的构成关系，是决定建筑立面及内部结构的关键环节。其主要反映建筑的平面形状、大小、内部布局、地面、门窗的具体位置和占地面积等情况。所以说，建筑平面图是新建建筑物的施工及施工现场布置的重要依据，也是设计及规划给排水、强弱电、暖通设备等专业工程平面图和绘制管线综合图的依据。

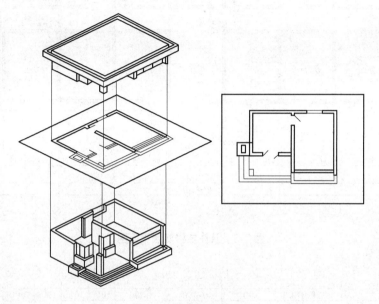

图 7-2　建筑平面图示例

4. 建筑平面图的分类

建筑平面图按工种一般可分为建筑施工图、结构施工图和设备施工图。用作施工使用的房屋建筑平面图一般有底层平面图(表示第一层房间的布置、建筑入口、门厅及楼梯等)、标准层平面图(表示中间各层的布置)、顶层平面图(房屋最高层的平面布置图)以及屋顶平面图(即屋顶平面的水平投影，其比例尺一般比其他平面图的小)。

(1) 底层平面图：又称一层平面图或首层平面图。它是所有建筑平面图中首先绘制的一张图。绘制此图时，应将剖切平面选在房屋的一层地面与从一楼通向二楼的休息平台之间，且要尽量通过该层上所有的门窗洞，如图 7-3 所示。

(2) 标准层平面图：由于房屋内部平面布置的差异，对于多层建筑而言，每一层都应画一个平面图并用本身的层数来命名，例如"二层平面图"或"四层平面图"等。但在实际的建筑设计过程中，多层建筑存在许多相同或相近平面布置形式的楼层，因此在实际绘图时，可将这些相同或相近的楼层合用一张平面图来表示。这张合用的图，就叫作"标准层平面图"，有时也可以用其对应的楼层命名，例如"二至六层平面图"等，如图 7-4 所示。

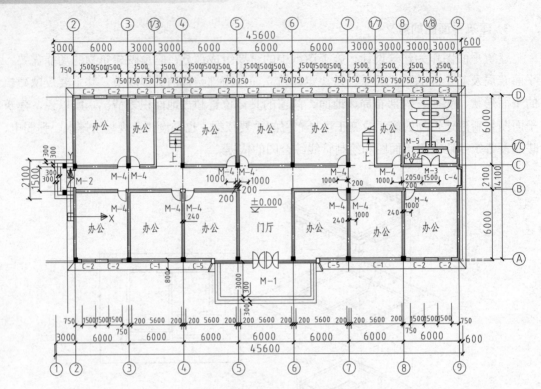

图 7-3　某住宅楼底层平面图

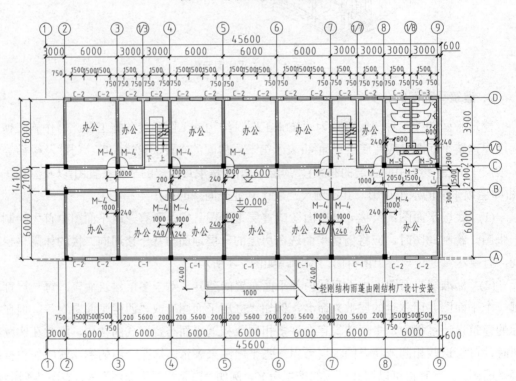

图 7-4　某住宅楼标准层平面图

（3）顶层平面图：房屋最高层的平面布置图，主要标明屋顶的形状，屋面排水方向及坡度，檐沟、女儿墙、屋脊线、落水口、上人孔、水箱及其他构筑物的位置和索引符号等。如图 7-5 所示。

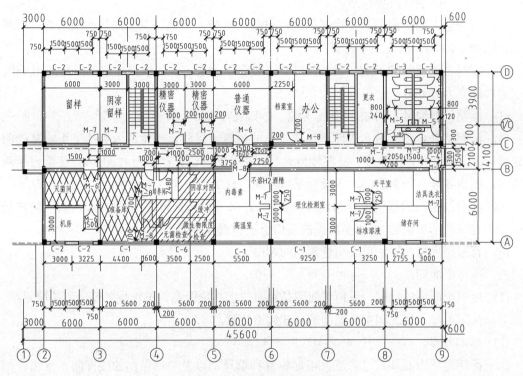

图 7-5　某住宅楼顶层平面图

（4）屋顶平面图比较简单，可用较小的比例绘制，也可用相应的楼层数命名。

【案例 7-1】根据图 7-3、图 7-4、图 7-5，分析该图纸的建筑施工平面图构造。

5. 建筑平面图的读图注意事项

（1）看清图名和绘图比例，了解该平面图属于哪一层。

（2）阅读平面图时，应由低向高逐层阅读平面图。首先从定位轴线开始，根据所注尺寸看房间的开间和进深，再看墙的厚度或柱子的尺寸，看清楚定位轴线是处于墙体的中央位置还是偏心位置，看清楚门窗的位置和尺寸。尤其应注意各层平面图变化之处。

（3）在平面图中，被剖切到的砖墙断面上，按规定应绘制砖墙材料图例，若绘图比例小于等于 1∶50，则不绘制砖墙材料图例。

（4）平面图中的剖切位置与详图索引标志也是不可忽视的问题，它涉及朝向与所表达的详细内容。

（5）房屋的朝向可通过底层平面图中的指北针来了解。

6. 建筑平面图的内容

1) 底层平面图

底层平面图的主要内容包括以下六点。

(1) 标明建筑的平面形状及房间的内部布局，例如，宿舍、卫生间等。图名为底层平面图，比例 1：100，以及文字说明。

(2) 标明三道尺寸(总尺寸、轴线尺寸、细部尺寸)及标高，门窗尺寸室外标高为-0.450，首层室内标高为±0.000。

(3) 标明门窗编号。例如，M-1、M-2、C-1、C-2 等。

(4) 标明室外台阶、散水等图中沿建筑物的位置，以防止雨水渗入到地下影响基础的稳定性，因其设有一定的坡度，故在转角处有一交接的斜线。宽度为 1200mm，正面设有两个大门，侧面各设有一个侧门，各设有三步台阶。标明卫生间内的设备。

(5) 标明剖面图的剖切位置与代号。如在 3～4 轴之间设有一个贯穿南北的剖切符号 1—1，用它来表示后面的 1—1 剖面图的剖切位置和剖视方向。

(6) 首层画出指北针，以表明建筑物的朝向。

2) 屋顶平面图

(1) 屋顶平面图的形成。屋顶平面图是屋面的水平投影图，不管是平屋顶还是坡屋顶，均应表示出屋面排水情况和突出屋面的全部构造位置。

(2) 基本内容。

① 标明屋顶形状和尺寸，女儿墙的位置和墙厚，以及突出屋面的楼梯间、水箱、烟道、通风道、检查孔等具体位置。

② 表示出屋面排水分区情况、屋脊、天沟、屋面坡度及排水方向和下水口位置等。

③ 屋顶构造复杂的还要加注详图索引符号，画出详图。

(3) 屋顶平面图的读图注意事项。

屋顶平面图虽然比较简单，也应与外墙详图和索引屋面细部构造详图对照才能读懂，尤其是有外楼梯、检查孔、檐口等部位和做法、屋面材料防水做法的。

3) 局部平面图

局部平面图的图示方法与底层平面图相同。为了清楚表明局部平面图所处的位置，必须标注与平面图一致的轴线及编号。常见的局部平面图有卫生间、盥洗室、楼梯间等。

7. 建筑平面图的图示内容及表示方法

(1) 注写图名和绘图比例。

平面图常用 1：50、1：100、1：200 的比例绘制。

(2) 纵横定位轴线及编号，定位轴线是各构件在长宽方向上的定位依据。凡是承重的墙、柱都必须标注定位轴线，并按顺序进行编号。

(3) 房屋的平面形状，内、外部尺寸和总尺寸。

(4) 房间的布置、用途及交通联系。

(5) 门窗的布置、数量及型号。

(6) 房屋的开间、进深、细部尺寸和室内外标高。

(7) 房屋细部构造和设备配置等情况。

(8) 底层平面图应注明剖面图的剖切位置，需用详图表达部位，应标注索引符号。

剖切位置及索引符号一般在底层平面图中应标注剖面图的剖切位置线和投影方向，并标注出编号；凡套用标准图集或另有详图表示的构配件、节点，均需画出详图索引符号，以便对照阅读。

(9) 指北针。一般在底层平面图的下侧要画出指北针符号，以表明房屋的朝向。

8. 有关图线、绘图比例、图例符号的规定

被剖切到的墙体、柱用粗实线绘制；可见部分轮廓线、门扇、窗台的图例线用中粗实线绘制；较小的构配件图例线、尺寸线等用细实线绘制。一般采用 1∶50、1∶100、1∶200 的比例绘制平面图。

9. 识图

(1) 了解图名、比例和朝向。

(2) 了解定位轴线、轴线编号及尺寸。

(3) 了解墙柱配置。

(4) 了解房屋名称及用途。

(5) 了解楼梯配置。

(6) 了解剖切符号、散水、雨水管、台阶、坡度、门窗和索引符号。

7.2.3 建筑立面图

建筑立面图.pdf

1. 建筑立面图的基础知识

在与建筑物立面平行的铅垂投影面上所做的投影图称为建筑立面图，简称立面图。其中反映主要出入口或比较显著地反映出房屋外貌特征的那一面的立面图，称为正立面图，其余的立面图相应地称为背立面图和侧立面图。通常也会按房屋的朝向来命名，如南立面图、北立面图、东立面图和西立面图等，如图 7-6 所示。有时也按轴线编号来命名，如①～⑨轴立面图或 A～E 轴立面图等。按投影原理，立面图上应将立面上所有看得见的细部都表示出来。但由于立面图的比例较小，如门窗扇、檐口构造、阳台栏杆和墙面复杂的装修等细部，往往只用图例表示。它们的构造和做法，都另有详图或文字说明。因此，习惯上对这些细部只画出一两个作为代表，其他只需画出轮廓线。若房屋左右对称时，正立面图和背立面图也可各画出一半，单独布置或合并成一张图。合并时，应在图的中间画一条铅直的对称符号作为分界线。

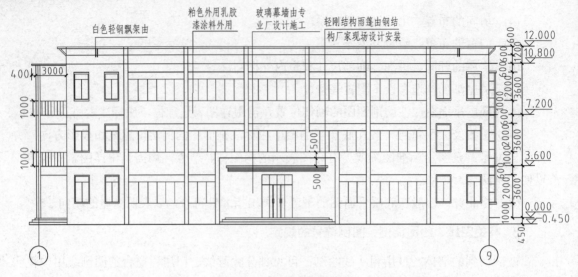

图 7-6　某住宅楼立面图

2. 建筑立面图的表示方法

建筑立面图的比例与平面图一致，常用 1：50、1：100、1：200 的比例绘制。

为使立面图外形更清晰，通常用粗实线表示立面图的最外轮廓线；凸出墙面的雨篷、阳台、柱子、窗台、窗楣、台阶、花池等投影线用中粗线画出；地坪线用加粗线画出；其余如门、窗及墙面分格线、落水管以及材料符号引出线、说明引出线等用细实线画出。

【案例 7-2】 结合建筑立面图的基础知识，分析图 7-6 西侧立面图尺寸标注和室外装修做法。

3. 建筑立面图的命名方式

(1) 可用朝向命名，立面朝向哪个方向就称为某方向立面图。

(2) 可用外貌特征命名，其中反映主要出入口或比较显著地反映房屋外貌特征的那一面的立面图。

(3) 可以立面图上首尾轴线命名。

房屋立面如果有一部分不平行于投影面，例如成圆弧形、折线形、曲线形等，可将该部分展开到与投影面平行，再用正投影法画出其立面图，但应在图名后注写"展开"两字。对于平面为回字形的房屋，其在院落中的局部立面可在相关的剖面图上附带表示。如不能表示时，则应单独绘出。

4. 建筑立面图的注意事项

(1) 画出室外地面线及房屋的勒脚、台阶、花台、门、窗、雨篷、阳台、室外楼梯、墙、柱、外墙的预留孔洞、檐口、屋顶(女儿墙或隔热层)、雨水管，墙面分格线或其他装饰构件等。

(2) 标出外墙各主要部位的标高。如室外地面、台阶、窗台、门窗顶、阳台、雨篷、檐口标高、屋顶等处完成面的标高。

(3) 一般立面图上可不标注高度方向尺寸。但对于外墙留洞除注出标高外，还应注出其大小尺寸及定位尺寸。

(4) 标出建筑物两端或分段的轴线及编号。

(5) 标出各部分构造、装饰节点详图的索引符号。

(6) 用图例或文字或列表说明外墙面的装修材料及做法。

(7) 从图上可看到该房屋的整个外貌形状，也可了解该房屋的屋顶、门窗、雨篷、阳台、台阶、花池及勒脚等细部的形式和位置。

(8) 从图中所标注的标高，可知房屋最低(室外地面)标高处比室内IO.000低或高多少。一般标高标注在图形外，应做到符号排列整齐、大小一致。若房屋立面左右对称时，一般标注在左侧。不对称时，左右两侧均应标注。必要时，可标注在图内。

(9) 从图上的文字说明，可了解房屋外墙面装修的做法。

5. 识图

(1) 了解图名和比例。

(2) 了解首尾轴线及编号。

(3) 了解各部分的标高。

(4) 了解外墙做法。

(5) 了解各构配件。

建筑剖面图.pdf

7.2.4　建筑剖面图

1. 建筑剖面图的基础知识

建筑剖面图是指用一个或多个垂直于外墙轴线的铅垂剖切面将房屋剖开，所得的投影图简称剖面图。剖面图用于表示房屋内部的结构或构造形式、分层情况和各部位的联系、材料及其高度等，是与平面图、立面图相互配合的不可缺少的重要图样之一，如图7-7所示。

剖面图的数量是根据房屋的具体情况和施工实际需要而决定的。剖切面一般横向，即平行于侧面，必要时也可纵向，即平行于正面。其位置应选择在能反映出房屋内部构造比较复杂与典型的部位，并应通过门窗洞的位置。若为多层房屋，应选择在楼梯间或层高不同、层数不同的部位。剖面图的图名应与平面图上所标注剖切符号的编号一致，如 1—1 剖面图、

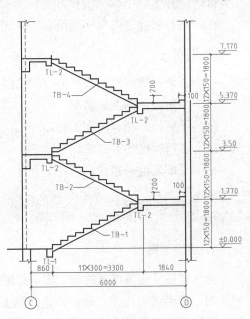

图 7-7　某楼梯剖面图

2—2 剖面图等。剖面图中的断面，其材料图例、粉刷面层和楼、地面面层线的表示原则及方法，均与平面图的处理相同。

【案例 7-3】结合本章所学剖面图的构造要求和内容，分析图 7-7 的细部构造。

2. 建筑剖面图表现的主要内容

建筑剖面图主要表示建筑各部分的高度、层数、建筑空间的组合利用，以及建筑剖面中的结构关系、层次、做法等。剖面图的剖视位置应选在层高不同、层数不同、内外部空间比较复杂、最有代表性的部分。

建筑剖面图主要包括以下内容。

(1) 表示墙柱及其定位轴线。

(2) 表示室内地面、地坑，各层楼面、顶棚、屋顶、门窗、楼梯、阳台、雨篷、墙裙、踢脚板、防潮层、室外地面、散水、排水沟及其剖切到的可见内容。

(3) 各层面完成面标高和竖向尺寸。

(4) 表示楼地面的构造做法，一般用引出线说明。或在剖面图上引出索引符号，另画详图加注说明。

(5) 表示需画详图之处的索引符号。

3. 建筑剖面图设计的主要内容

(1) 房间的剖面形状、尺寸及比例关系。

(2) 确定房屋的层数和各部分的标高，如层高、净高、窗台高度、室内外地面标高。

(3) 解决天然采光、自然通风、保温、隔热、屋面排水及选择建筑构造方案。

(4) 选择主体结构与围护方案。

(5) 进行房屋竖向空间的组合，研究建筑空间的利用。

4. 识图

(1) 了解剖切位置、投影方向和绘图比例。

(2) 了解墙体的剖切情况。

(3) 了解地、楼、屋面的构造。

(4) 了解楼梯的形式和构造。

(5) 了解其他未剖切到的可见部分。

7.2.5 建筑详图

1. 建筑详图

建筑详图.pdf

建筑详图是建筑细部的施工图，是建筑平面图、立面图、剖面图的补充。因为立面图、平面图、剖面图的比例尺较小，建筑物上许多细部构造无法表示清楚，根据施工需要，必须另外绘制比例尺较大的图样才能表达清楚。

建筑详图包括以下内容。

(1) 表示局部构造的详图，如外墙身详图、楼梯详图、阳台详图等。

(2) 表示房屋设备的详图，如卫生间、厨房、实验室内设备的位置及构造等。

(3) 表示房屋特殊装修部位的详图，如吊顶、花饰等。

建筑详图是把房屋的某些细部构造及构配件用较大的比例(如 1：20、1：10、1：5 等)将其形状、大小、材料和做法详细表达出来的图样，简称详图或大样图、节点图。常用的详图一般有：墙身详图、楼梯详图、门窗详图、厨房、卫生间、浴室、壁橱及装修详图(吊顶、墙裙、贴面)等。

2. 建筑详图的分类

建筑详图分为局部构造详图和构配件详图。局部构造详图主要表示房屋某一局部构造做法和材料的组成，如墙身详图、楼梯详图等。构配件详图主要表示构配件本身的构造，如门、窗、花格等详图。

3. 建筑详图的注意事项

(1) 详图采用较大比例绘制，各部分结构应表达详细，层次清楚，但又要详而不繁。

(2) 建筑详图各结构的尺寸要标注完整齐全。

(3) 无法用图形表达的内容采用文字说明，要详尽清楚。

(4) 详图的表达方法和数量，可根据房屋构造的复杂程度而定。有的只用一个剖面详图就能表达清楚(如墙身详图)，有的需加平面详图(如楼梯间、卫生间)，或用立面详图(如门窗详图)。

4. 局部详图

在施工图中，有时会因为比例问题无法表达清楚某一局部，为方便施工需另画详图。一般用索引符号注明详图的位置、详图的编号以及详图所在的图纸编号，如图7-8所示。索引符号和详图符号内的详图编号与图纸编号两者对应一致。索引符号和详图符号按"国标"规定，索引符号的圆和引出线均应以细实线绘制，圆直径为10mm，引出线应对准圆心，圆内过圆心画一水平线，上半圆中用阿拉伯数字注明该详图的编号，下半圆中用阿拉伯数字注明该详图所在图纸的图纸号。如果详图与被索引的图样在同一张图纸内，则在下半圆中间画一水平细实线。索引出的详图，如采用标准图，应在索引符号水平直径的延长线上加注该标准图册的编号，如图7-9所示。

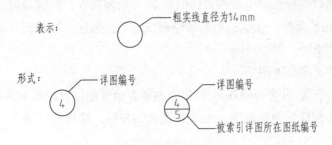

图 7-8　索引标注样式

—详图的编号
—详图在本页
图纸内

—详图的编号
—详图所在地
图纸编号

—标准图集的编号
—详图的编号
—详图所在地
图纸编号

图 7-9　详细标注

7.3　结构施工图

7.3.1 结构施工图的作用和组成

1. 结构施工图的概念

结构施工图指的是关于承重构件的布置，使用的材料、形状、大小、及内部构造的工程图样，是承重构件以及其他受力构件施工的依据。图纸目录应按图纸序号排列，先列新绘制图纸，后列选用的重复利用图和标准图。

2. 结构施工图包含的内容

结构施工图包含以下内容：结构总说明、基础布置图、承台配筋图、地梁布置图、各层柱布置图、各层柱配筋图、各层梁配筋图、屋面梁配筋图、楼梯屋面梁配筋图、各层板配筋图、屋面板配筋图、楼梯大样、节点大样。

3. 结构施工图的作用

结构施工图简称"结施"，是经过结构选型、内力计算、建筑材料选用，最后绘制出来的施工图。

结构施工图用来指导施工，如放灰线、开挖基槽、模板放样、钢筋骨架绑扎、浇灌混凝土等，同时也是编制建筑预算和施工组织进度计划的主要依据。

4. 结构施工图的组成

1) 结构设计说明书

一般以文字辅以图标来说明结构设计的依据(如功能要求、荷载情况、水文地质资料、地震烈度等)、结构的类型、建筑材料的规格形式、局部做法、标准图和地区通用图的选用情况、对施工的要求等。

2) 结构构件平面布置图

(1) 基础平面布置图(含基础截面详图)，主要表示基础位置、轴线的距离、基础类型。

(2) 楼层结构构件平面布置图，主要是楼板的布置、楼板的厚度、梁的位置、梁的跨度等。

(3) 屋面结构构件平面布置图，主要表示屋面楼板的位置、屋面楼板的厚度等。

3) 结构构件详图

(1) 基础详图，主要表示基础的具体做法。条形基础一般取平面处的剖面来说明，独立基础则给一个基础大样图。

(2) 梁类、板类、柱类等构件详图(包括预制构件、现浇结构构件等)。

(3) 楼梯结构详图。

(4) 屋架结构详图(包括钢屋架、木屋架、钢筋混凝土屋架)。

(5) 其他结构构件详图(如支撑等)。

7.3.2 常用构件代号及钢筋表示方法

结构施工图常需注明结构的名称，一般采用代号表示。构件的代号，一般用该构件名称的汉语拼音第一个字母的大写表示。预应力混凝土构件代号应在前面加 Y，如 YKB 表示预应力空心板。如表 7-1 所示。

表 7-1　常用构件代号

序号	名称	代号	序号	名称	代号	序号	名称	代号
1	板	B	19	圈梁	QL	37	承台	CT
2	屋面板	WB	20	过梁	GL	38	设备基础	SJ
3	空心板	KB	21	连系梁	LL	39	桩	ZH
4	槽形板	CB	22	基础梁	JL	40	挡土墙	DQ
5	折板	ZB	23	楼梯梁	TL	41	地沟	DG
6	密肋板	MB	24	框架梁	KL	42	柱间支撑	ZC
7	楼梯板	TB	25	框支梁	KZL	43	垂直支撑	CC
8	盖板或沟盖板	GB	26	屋面框架梁	WKL	44	水平支撑	SC
9	挡风板或檐口板	YB	27	檩条	LT	45	梯	T
10	吊车安全走道板	DB	28	屋架	WJ	46	雨篷	YP
11	墙板	QB	29	托架	TJ	47	阳台	YT
12	天沟板	TGB	30	天窗架	TJ	48	梁垫	LD
13	梁	L	31	框架	KJ	49	预埋件	M-
14	屋面梁	WL	32	钢架	GJ	50	天窗端壁	TD
15	吊车梁	DL	33	支架	ZJ	51	钢筋网	W
16	单轨吊车梁	DDL	34	柱	Z	52	钢筋骨架	G
17	轨道连接	DGL	35	框架柱	KZ	53	基础	J
18	车档	CD	36	构造柱	GZ	54	暗柱	AZ

7.3.3 结构平面图

结构平面图是表示房屋各层承重构件布置的设置情况及相互关系的图样，它是施工时布置或安放各层承重构件、制作圈梁和浇筑现浇板的依据。原则上每层建筑都需画出它的结构平面图，但一般因底层地面直接做在地基上，它的做法、材料等已在建筑详图中表明，无须再画底层结构布置图，因此一般民用建筑主要有楼层结构平面图和屋面结构平面图等。

1. 楼层结构平面图的概念

楼层结构平面图是用一个剖切平面沿着楼板上皮水平剖开后，移走上部建筑物后作水平投影所得到的图样。主要表示该层楼面中的梁、板的布置，构件代号及构造做法等。

(1) 轴线：结构平面图上的轴线应和建筑平面图上的轴线编号和尺寸完全一致。

(2) 墙身线：在结构平面图中，剖到的梁、板、墙身可见轮廓线用中粗实线表示；楼板可见轮廓线用粗实线表示；楼板下的不可见墙身轮廓线用中粗虚线表示；可见的钢筋混凝土楼板的轮廓线用细实线表示。

2. 楼层结构平面图的表示

楼层结构平面图中，对于现浇楼板应表示出楼板的厚度、配筋情况。板中的钢筋用粗实线表示，板下的墙用细线表示，梁、圈梁、过梁等用粗点画线表示，柱、构造柱用断面(涂黑)表示。在楼层结构平面图中，未能完全表示清楚之处，需绘出结构剖面图。

楼面的现浇部分，如楼梯板 TB 结构较复杂，一般需另画结构详图。凡需画结构详图的梁、板、屋架，在结构平面图中应注明其代号。构件代号由主代号和副代号组成，主代号用大写汉语拼音字母表示构件名称，制图标准规定了常用构件的主代号；副代号采用阿拉伯数字来表示，如过梁 GL18。

3. 楼层结构平面图的识读步骤

(1) 了解图名、比例。

(2) 与建筑平面图对照，了解楼层结构平面图的定位轴线。

(3) 通过结构构件代号了解该楼层中结构构件的位置与类型。

(4) 了解现浇板的配筋情况及板的厚度。

(5) 了解各部位的标高情况，并与建筑标高对照，了解装修层的厚度。

(6) 了解预制板的规格、数量等级和布置情况。

4. 结构平面图轴线及结构布置注意事项

(1) 结构施工图、结构平面图、建筑平面图要逐项检查。

(2) 根据相应的建筑平面图，校对轴线网、轴线编号、轴线尺寸。

(3) 是否有未定位的轴线和多余轴号。

(4) 圆弧轴线是否注明半径，圆心是否定位。

(5) 结构轮廓与建筑是否一致。

(6) 结构平面各部分的标高是否注明，是否与建筑相应位置符合，注意建筑覆土范围、各层卫生间、室外露台、小屋面、电梯机房、屋顶花园、台阶、电梯底坑、水池、厨房等局部标高可能变化的地方。

(7) 板厚及配筋变化(挑板、卫生间、设备机房、配电间、绿化屋面、较重的荷载、电梯机房、消防前室等)。

(8) 结构标高位置及反梁是否为实线，实线与虚线是否有相交的地方。

(9) 邻接区域的梁、板连接关系与分缝是否正确。

(10) 建筑、设备在板上开的洞是否有遗漏。

5. 屋面结构平面图

屋面结构平面图是表示屋顶面承重构件平面布置的图样，其内容和图示要求基本与楼层结构平面图相同。但因屋面有排水要求，或设天沟板，或将屋面板按一定坡度设置。另外，有些屋面上还设有人孔及水箱等结构，因此需单独绘制。

6. 其他结构平面图

在民用建筑中，常见的结构平面图除了楼层结构平面图、屋面结构平面图外，还有圈梁结构平面图等。在单层工业厂房中，另有屋架及支撑结构平面图，柱、吊车梁等构件平面图，它们都反映了这些构件的平面位置，包括连系梁、圈梁(如图 7-10 所示)、过梁(如图 7-11 所示)、门板及柱间支撑等构件的布置。由于这些图样较简单，常以示意的单线绘制，单线应为粗实线，采用 1∶200 或 1∶500 的比例。

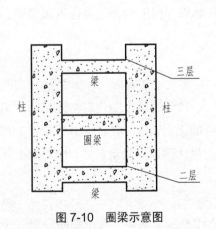

图 7-10 圈梁示意图

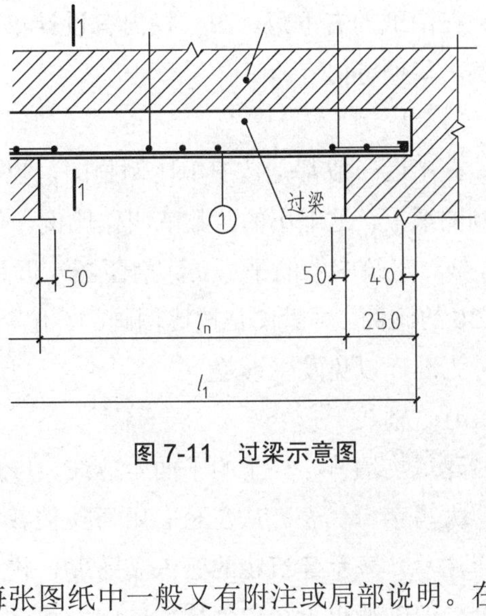

图 7-11 过梁示意图

7. 读图注意事项

在一套图纸中，一般在首页图有总说明，每张图纸中一般又有附注或局部说明。在总说明中一般包括：设计依据、设计原则、技术经济指标，结构特征、构件选型、采用材料、施工要求、注意事项等内容。图中附注是对图中某些表达不清楚的地方或特定部位的要求加以补充和说明，它是图纸中不可缺少的部分。

在看图前，首先应看首页图总说明。看了总说明，就会对整个工程有一个初步的较为完整的概念。在看图过程中，应注意每张图中的附注，这有助于看懂施工图。

施工图反映了建筑物的外貌和内部结构型式、具体做法，它是施工的依据。在看图时，不能把建筑施工图和结构施工图割裂开，要联系起来看，参照着看。也就是说，在看建筑施工图时，要联想到结构型式；在看结构施工图时，要知道构件布置在建筑图中什么位置。看图还要有侧重，对钢筋工来说，必须把结构平面布置图和构件详图看懂，才能正确地进行钢筋加工和安装。

8. 识读结构平面图

结构平面图主要是表示建筑物结构的平面布置情况。一般民用建筑的结构平面图包括基础平面图、楼层和屋面结构平面图等。基础平面图中反映了基础的放线宽度、墙柱轴线位置、地梁和上下水留洞位置。楼层和屋面结构平面图主要表示梁、板、过梁、圈梁、楼梯、阳台、雨篷、天沟等的编号数量、安装位置以及各种构件详图的图号或采用标准图的图集号。

识图必须具备基本的识图知识，例如图幅、图标、比例、轴线等。

1) 图幅

图幅就是图纸的大小，有A0号、A1号、A2号、A3号、A4号之分。A0号图纸尺寸为，长1189mm，宽841mm。A1号图纸只有A0号图纸的一半，其余类推。A0号图纸用作画总图。建筑及结构施工图以A1号、A2号图纸用得较多，A3号和A4号图纸很少使用。

2) 图标

在图纸的右下角。图标栏内有设计单位、工程名称、图纸内容、设计人员签名、图号比例、日期等内容。

3) 比例

施工图一般都是按缩小比例画的，也就是说，将建筑物按实际尺寸，缩小一定的倍数画到图纸上，这缩小的倍数就叫作比例。如1：100，说明图纸上的建筑物比实际的缩小了100倍。建筑图中的平、立、剖面图一般用1：100的比例，大样图(详图)一般用1：20或1：30的比例。尽管图是按比例画的，但不要在图上用比例尺直接量尺寸，应以图上标注的尺寸为准，以免发生误差。

4) 轴线

建筑物墙体、柱子的平面定位线，一般用点画线表示，在其一端用圆圈内加一个数或一个大写字母代表。从左至右用阿拉伯数字依次注写，表示开间、柱距。从下至上用大写字母注写，表示建筑物的进深和跨度。构件中心线一般用点画粗实线表示，基本上与轴线重合，但轴线也不一定是构件的中心线。看图时，要仔细看清构件的位置，不要与轴线混为一谈，以免在钢筋配料和安装时发生错误。

 本章小结

通过本章的学习，了解建筑物的基本组成和作用，掌握建筑施工图首页及总平面图的基本概念及识图技巧，以及建筑平面图、立面图、剖面图及详图所包含的内容与识图方法。了解结构施工图、基础平面图及基础详图的相关知识，了解楼层结构平面图、屋面结构平面图及其他结构平面图基础知识。

 实训练习

一、单选题

1. 国标中规定施工图中水平方向定位轴线的编号应是(   )。

    A. 大写拉丁字母   B. 英文字母

    C. 阿拉伯字母   D. 罗马字母

2. 附加定位轴线 2/4 是指(   )。

    A. 4 号轴线之前附加的第二根定位轴线   B. 4 号轴线之后附加的第二根定位轴线

    C. 2 号轴线之后的第 4 根定位轴线   D. 2 号轴线之前的第 4 根定位轴线

3. 索引符号图中的分子表示的是(   )。

    A. 详图所在图纸编号   B. 被索引的详图所在图纸编号

    C. 详图编号   D. 详图在第几页

4. 有一图纸量得某线段长度为 5.34cm，当图纸比例为 1∶30 时，该线段实际长度是 (   )m。

    A. 160.2   B. 17.8   C. 1.062   D. 16.02

5. 门窗图例中，平面图上和剖面图上的开启方向是指(   )。

    A. 朝下，朝左为外开   B. 朝上，朝右为外开

    C. 朝下，朝右为外开   D. 朝上，朝左为外开

二、多选题

1. 建筑剖面图应标注(   )等内容。

    A. 门窗洞口高度   B. 层间高度   C. 建筑总高度

    D. 楼板与梁的断面高度   E. 室内门窗洞口的高度

2. 下面属于建筑施工图的有(   )。

    A. 首页图   B. 总平面图   C. 基础平面布置图

    D. 建筑立面图   E. 建筑详图

3. 建筑平面图的组成为(　　)。

    A. 一层平面图　　　　　　B. 中间标准层平面图　　　C. 顶层平面图

    D. 屋顶平面图　　　　　　E. 局部平面图

4. 楼梯详图一般包括(　　)。

    A. 楼梯平面图　　　　　　B. 楼梯立面图　　　　　　C. 楼梯剖面图

    D. 楼梯节点详图　　　　　E. 楼梯首页图

5. 建筑立面图要标注(　　)等内容。

    A. 详图索引符号　　　　　B. 入口大门的高度和宽度

    C. 外墙各主要部位的标高　D. 建筑物两端的定位轴线及其编号

    E. 以上答案都不对

三、简答题

1. 简述建筑施工图的概念。

2. 建筑平面图可分为哪几类?

3. 建筑详图包括哪些内容?

第 7 章课后答案.docx

实训工作单一

班级		姓名		日期	
教学项目		建筑施工图识读			
任务	解读一套完整的建筑施工图		图纸类型	多层框架结构建筑施工图	
相关知识			建筑施工图的识读知识点		
其他要求					

读图过程记录

评语			指导教师	

实训工作单二

班级		姓名		日期	
教学项目		结构施工图识读			
任务	解读一套完整的结构施工图		建筑结构类型	多层框架结构	
相关知识			结构施工图基础知识		
其他要求					

读图识图流程记录

评语			指导教师	

第 8 章 AutoCAD 图层概念

- 了解图层特性管理器
- 掌握创建新图层
- 掌握使用与管理线型
- 掌握管理图层的使用

CAD 图层.mp3

本章要点	掌握层次	相关知识点
图层特性管理器	图层特性管理器的介绍	图层特性管理器
创建新图层	创建新图层的操作	创建新图层
管理图层	管理各类图层	管理图层

【引子】

CAD(Computer Aided Design，计算机辅助设计)诞生于 20 世纪 60 年代，是美国麻省理工学院提出的交互式图形学的研究计划，由于当时硬件设施昂贵，只有美国通用汽车公司和美国波音航空公司使用自行开发的交互式绘图系统。20 世纪 70 年代，小型计算机价格下降，美国工业界才开始广泛使用交互式绘图系统。

20 世纪 80 年代，由于 PC 的应用，CAD 得以迅速发展，出现了专门从事 CAD 系统开发的公司。当时 VersaCAD 是专业的 CAD 制作公司，所开发的 CAD 软件功能强大，但由于价格昂贵，故没有得到普遍应用。而当时的 Autodesk(美国电脑软件公司)公司是一个仅有数个员工的小公司，其开发的 CAD 系统虽然功能有限，但因其可免费复制，故在社会上得以广泛应用。

8.1 【图层特性管理器】介绍

图层是 AutoCAD 提供的一个管理图形对象的工具，用户可以根据图层对图形几何对象、文字、标注等进行归类处理，使用图层管理它们，这样不仅能使图形的各种信息清晰，便于观察，而且也会给图形的编辑、修改和输出带来很大的方便，如图 8-1 所示。

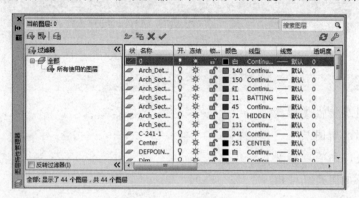

图 8-1　图层

在【图层特性管理器】对话框中可以添加、删除和重命名图层，更改图层特性，设置布局视口的特性替代或添加图层说明，并实时应用这些更改。无须单击【确定】或【应用】按钮即可查看特性更改。图层过滤器控制将在列表中显示的图层，也可用于同时更改多个图层。

切换空间时(从模型空间切换到图层空间或从图层切换到视口)，将更新图层特性管理器，并在当前空间中显示图层特性和过滤器选择的当前状态。

8.2 创建新图层

绘制新图形时，AutoCAD 将自动创建一个名为 0 的特殊图层。默认情况下，图层 0 将被指定使用 7 号颜色(白色或黑色，由背景色决定，本书中将背景色设置为白色，因此，图层颜色就是黑色)、Continuous 线型、"默认"线宽及 Normal 打印样式，用户不能删除或重命名图层 0。在绘图过程中，如果要使用更多的图层来组织图形，就需要先创建新图层。

在【图层特性管理器】对话框中单击【新建图层】按钮，创建一个名为"图层 1"的新图层。默认情况下，新建图层与当前图层的状态、颜色、线型、线宽等设置相同，如图 8-2 所示。

如果要更改图层名称，可单击该图层名，然后输入一个新的图层名并按下 Enter 键，若要更改图层的设置与管理，则可以遵循以下步骤。

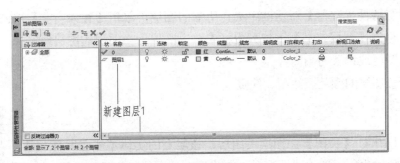

图 8-2　选择颜色

1. 调用图层的执行方式有如下三种

(1) 下拉菜单：【格式】|【图层】。

(2) 命令行：LAYER。

(3) 工具栏：【选项板】|【图层】

2. 图层的设置，如图 8-3 所示

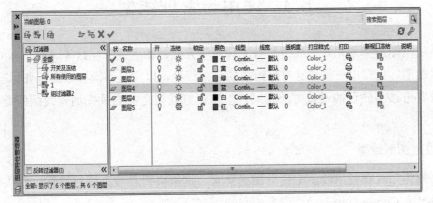

图 8-3　图层特性管理器

(1) 创建新图层。

在【图层特性管理器】对话框中单击【新建图层】按钮，在图层列表中将自动生成名为"图层 1"的新图层。图层名最多可使用 31 个字符，可以是数字、字母和$(美元符号)、(连字符)、_(下划线)等，不能出现< >，/" "=等字符。

音频：图层的
设置.mp3

(2) 删除图层。

在绘图过程中可以删除不需要的图层，在【图层特性管理器】对话框中选定要删除的图层，单击【删除】按钮即可。0 层是默认层、当前层、含有实体的层和外部引用依赖层，均不能被删除。

(3) 设置当前图层。

用户只能在当前层上绘制图形，并且所绘制的实体将继承当前层的属性，当前图层的信息都显示在【对象特性】工具栏中。可通过以下几种方法来设置当前图层。

在【图层特性管理器】对话框中选择所需的图层，单击【置为当前】按钮；在【对象特性】工具栏的【图层控制】下拉列表框中单击需置为当前层的图层；选择某个实体，则该实体所在图层被设置为当前层。

(4) 设置图层的颜色、线型、线宽。

3. 图层管理

音频：图层的
管理.mp3

(1) 【打开】|【关闭】：图层关闭后，该层上的实体不能在屏幕上显示或由绘图仪输出，重新生成图形时，关闭层上的实体仍将重新生成。

(2) 【冻结】|【解冻】：图层冻结后，该层上的实体不能在屏幕上显示或由绘图仪输出，重新生成图形时，冻结层上的实体将不被重新生成。

(3) 【锁定】|【解锁】：图层锁定后，用户只能观察该层上的实体，不能对其进行编辑和修改，但实体仍可以显示和输出。

(4) 【打印】：设置该层如何打印输出。

8.3 使用与管理线型

线型是指图形基本元素中线条的组成和显示方式，如虚线和实线等。在 AutoCAD 中，既有简单线型，也有由一些特殊符号组成的复杂线型，以满足不同国家或行业标准的要求。线型的设置方法与颜色的设置方法相同，但在设置线型之前必须先加载线型种类。其设置方法如下。

1. 设置图层线型

在绘制图形时要使用线型来区分图形元素，这就需要对线型进行设置。默认情况下，图层的线型为 Continuous(要改变线型)。

(1) 单击【线型】下拉列表框，从中选择【其他】选项，如图 8-4 所示。

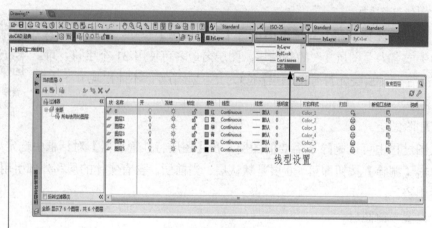

图 8-4 图层线型设置

(2) 弹出【线型管理器】对话框，如图 8-5 所示。

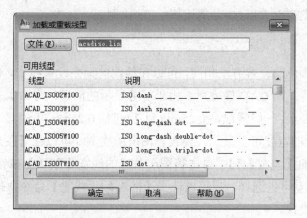

图 8-5 【线型管理器】对话框

2. 加载线型

在【线型管理器】对话框中，单击【加载】按钮，弹出【加载或重载线型】对话框。默认情况下，在【线型管理器】对话框的【已加载的线型】列表框中只有 Continuous 一种线型，如果要使用其他线型，必须将其添加到【已加载的线型】列表框中。单击【加载】按钮，打开【加载或重载线型】对话框，从【可用线型】列表框中选择需要加载的线型，单击【确定】按钮，如图 8-6 所示。

图 8-6 【加载或重载线型】对话框

在【线型管理器】对话框内选择相应的线型，可以执行以下操作。

(1) 单击【删除】按钮，可以删除已经加载到当前对话框内的线型。

(2) 单击【当前】按钮，可以将某个线型设置为当前的线型，即将绘制的所有图形都使用该线型。

(3) 单击【显示细节】按钮，可以打开对话框下半部分的【详细信息】区域的内容。单击该按钮后，该按钮就变成了【隐藏细节】按钮，如图 8-7 所示。

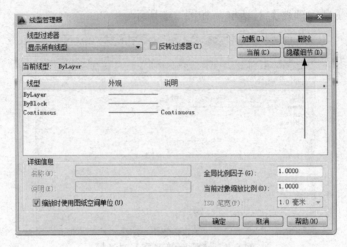

图 8-7　显示【详细信息】区域

(4)　【全局比例因子】，用这个选项可以设置非连续线的非连接间隙大小，如虚线中的空隙大小和虚线上的线段大小。【全局比例因子】对于将绘制和已经绘制的图形都起作用。

(5)　【当前对象缩放比例】，用这个选项也可以设置非连续线的间隙。区别在于：要让某种线型用当前比例，前提是必须先设置该线型的当前比例因子，然后再将该线型设置为当前线型，这样该选项才能发挥作用。

最终，图形线型被放大倍数=全局比例×当前比例。

3　线宽设置

线宽的设置与颜色的设置方法相同，可以在绘图前预先设置线宽，也可以在绘图后进行设置。在 CAD 软件里，由于屏幕显示的问题，导致大多数宽度的线不能正常显示，一般情况是 0.25mm 以下(包括 0.25mm)不能显示出宽度，0.30mm 以上的宽度可以显示。要设置图层的线宽，可以在【图层特性管理器】对话框的【线宽】列中单击该图层对应的线宽【默认】按钮，弹出【线宽】对话框，有 20 多种线宽可供选择。也可以选择【格式】|【线宽】命令，打开【线宽设置】对话框，对线宽进行设置。

音频：线宽的
设置.mp3

由于显示的宽度过宽，会导致图形不清晰。因此 CAD 软件设置了一个按钮，控制屏幕是否显示线的宽度，即【辅助工具栏】上的【线宽】按钮。

8.4　管　理　图　层

同一图形中有大量的层时，可以根据层的特征或特性对层进行查找，将具有某种共同特点的层过滤出来。过滤的途径有以下几种：通过状态过滤；用层名过滤；用颜色和线型过滤。过滤功能的设置是通过图层过滤器特性对话框(Set Layer Filters)来实现的。在其中可以添加、删除和重命名图层，更改图层特性。可控制将在列表中显示的图层，也可以同时更改多个图层。

使用图层绘制图形时，新对象的各种特性将默认为"随层"，由当前图层的默认设置决定。也可以单独设置对象的特性，新设置的特性将覆盖原来随层的特性。在【图层特性管理器】对话框中，每个图层都包含状态、名称、打开/关闭、冻结/解冻、锁定/解锁、线型、颜色、线宽和打印样式等特性。

【图层特性管理器】的操作步骤如下。

在菜单栏中选择【格式】|【图层】菜单命令，或者在命令行中输入：LAYER，如图 8-8 所示。在单击【格式】菜单命令后，弹出【图层特性管理器】对话框，选择【图层】命令。

图 8-8　选择【图层】命令

选择【图层】命令后，如图 8-9 所示。

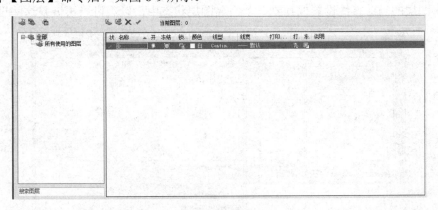

图 8-9　【图层特性管理器】对话框

【图层特性管理器】对话框中的各参数说明如下。

(1)　新建特性过滤器：显示【图层过滤器特性】对话框，从中根据图层的一个或多个特性，创建图层过滤器，如图 8-10 所示。

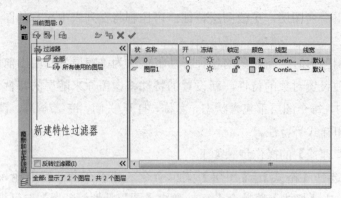

图 8-10 【新建特性过滤器】对话框

(2) 新建组过滤器：创建图层过滤器，其中包含选择并添加到该过滤器的图层，如图 8-11 所示。

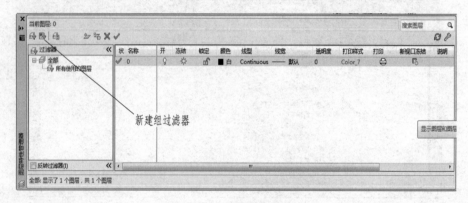

图 8-11 新建组过滤器

(3) 图层状态管理器：单击图 8-12 中的按钮后，显示【图层状态管理器】对话框，从中可以将图层的当前特性设置保存到一个命名图层状态中，以后可以再恢复这些设置。

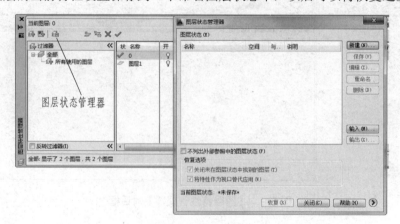

图 8-12 图层状态管理器

(4) 新建图层：在【图层特性管理器】对话框中单击【新建图层】按钮，创建新图层。

如图 8-13 所示。

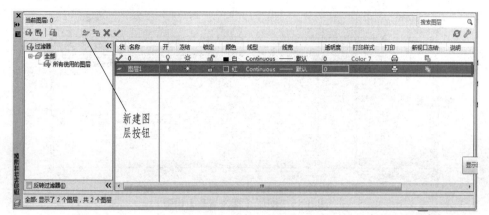

图 8-13　新建图层

（5）在所有视口中都被冻结的新图层视口：创建新图层，然后在所有布局视口中将其冻结，冻结后的图形既不显示在屏幕上，又不能参与各种运算，因而可以加快图形处理的速度。

（6）删除图层：在【图形特性管理器】对话框中选定要删除的图层，右击【删除图层】或单击上方 "×" 按钮即可，如图 8-14 所示。但在删除图层时，0 层是默认层、当前层、含有实体的层和外部引用依赖层均不能被删除。

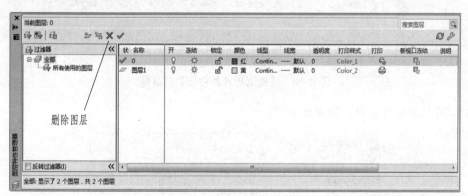

图 8-14　删除图层

（7）置为当前，可通过以下几种方法。

① 在【图形特性管理器】对话框中选择所需的图层，单击【置为当前】按钮，如图 8-15 所示。

② 在【对象特征】工具栏的【图层控制】下拉列表框中单击需置为当前层的图层。

③ 选择某个实体，则该实体所在图层被设置为当前层。

（8）状态行：显示当前过滤器的名称以及图形中的图层数。

（9）图层过滤器：图形中包含大量图层时，在【图层特性管理器】对话框中单击【新特性过滤器】按钮，可以使用打开的【图层过滤器特性】对话框来命名图层过滤器，如图

建筑工程制图与CAD

8-16 所示。

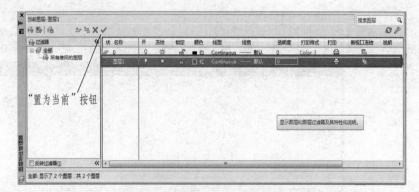

图 8-15　图层【置为当前】设置

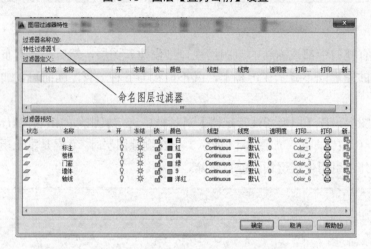

图 8-16　【图层过滤器特性】对话框

(10) 可见图层过滤器，如图 8-17 所示。

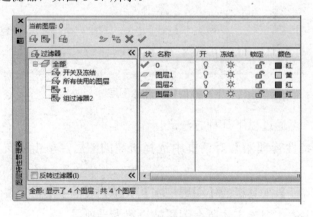

图 8-17　可见图层过滤器

(11) 反转过滤器：显示所有不满足选定图层特性过滤器中条件的图层。

(12) 重命名：单击选定的过滤器名称，即可重命名选定过滤器。

(13) 删除：删除选定的图层过滤器。无法删除"全部"过滤器、"所欲使用的图层"过滤器或"外部参照"过滤器。该选项只将删除图层过滤器，而不是过滤器中的图层。

图层设置包括图层状态和图层特性。图层状态包括图层是否打开、冻结锁定、打印和在新视口中自动冻结。图层特性包括颜色、线型、线宽和打印样式。可以选择要保存的图层状态和图层特性。例如，可以选择只保存图形中图层的【冻结】|【解冻】设置，忽略所有其他设置。恢复图层状态时，除了每个图层的冻结或解冻设置以外，其他设置仍保持当前设置。

本章小结

通过本章的学习了解图层特性管理器、掌握创建新图层、掌握使用与管理线型，以及如何管理图层的相关内容。

实训练习

一、案例题

利用相对坐标输入法，练习创建一个 420×297 的矩形，矩形的左下角点坐标为(00，100)。

二、思考题

1. AutoCAD 包含哪几种工作空间？如何在它们之间进行切换？

2. 如何快速执行上一个命令？

3. 如何取消正在执行的命令？

实训工作单

班级		姓名		日期	
教学项目		CAD 的基本操作			
任务	掌握创建新图层 掌握使用与管理线型 掌握管理图层的使用			工具	CAD
相关知识			操作流程		
其他项目					
工程过程记录					
评语				指导教师	

第 9 章课件.pptx

第 9 章　二维绘图命令

【教学目标】

- 了解 AutoCAD 绘图菜单
- 熟悉 AutoCAD 绘图工具栏、AutoCAD 绘图工具
- 掌握 AutoCAD 绘图命令

二维绘图命令.mp4

【教学要求】

本章要点	掌握层次	相关知识点
AutoCAD 绘图菜单	了解 AutoCAD 绘图菜单	AutoCAD 的应用
AutoCAD 绘图工具栏、绘图工具	1.掌握 AutoCAD 绘图工具 2.掌握 AutoCAD 绘图工具	AutoCAD 的应用
AutoCAD 绘图命令	掌握 AutoCAD 绘图命令	AutoCAD 的应用

【引子】

在中文版 AutoCAD 2014 中，用户使用"绘图"菜单中的命令，不仅可以绘制点、直线、圆、圆弧、多边形、圆环等简单二维图形，还可以绘制多线、多段线和样条曲线等高级图形对象。二维图形的形状都很简单，创建起来也很容易，但却是整个 AutoCAD 的绘图基础，只有熟练地掌握其的绘制方法和技巧，才能更好地绘制出复杂的二维图形以及轴测图。

9.1　绘图菜单

为了满足不同用户的需要，体现操作的灵活性、方便性，AutoCAD 2014 提供了多种方法来实现相同的功能。例如，可以使用绘图菜单、绘图工具栏、屏幕菜单以及绘图面板、绘图命令等 5 种方法来绘制二维图形。

1. 使用绘图菜单

绘图菜单是绘制图形最基本、最常见的方法。

音频：绘制二维图形
的途径.mp3

2. 绘图工具栏

绘图工具栏的每个工具按钮都对应于绘图菜单中相应的绘图命令，如图 9-1 所示。

图 9-1 【绘图】工具栏

3. 使用绘图命令

使用绘图命令也可以绘制基本的二维图形。在命令提示行后输入绘图命令，按 Enter 键，根据提示行的提示信息进行绘图操作。这种方法快捷，准确性高，但需要掌握绘图命令及其选项的具体功能。在利用中文版 AutoCAD 2014 绘图时，采用的是命令行工作机制，以命令的方式实现用户与系统的信息交互。

4. 使用屏幕菜单

屏幕菜单是 AutoCAD 的另一种菜单形式。使用其中的【绘图】子菜单，如图 9-2 所示，可配合使用绘图时的相关工具。【绘图】子菜单中的每个命令选项分别与 AutoCAD 2014 的绘图命令相对应。

5. 使用绘图面板

面板提供了与当前工作空间相关的操作单个界面元素。面板无须将多个工具栏显示出来，从而使得应用程序窗口更加整洁。因此，可以将可进行操作的区域最大化，来加快和简化工作，如图 9-3 所示。

图 9-2 屏幕菜单——
【绘图】子菜单

图 9-3 面板

默认情况下，当使用二维草图与注释工作空间或三维建模工作空间时，面板将自动打开。也可以手动打开面板：选择【工具】|【选项板】|【功能区】；或者在命令行输入：dashboard。

9.2　绘图工具栏

工作空间是由菜单、工具栏、选项板、功能区控制面板组成的，使用户可以在专门的、面向任务的绘图环境中工作。使用工作空间时，只显示与任务相关的菜单、工具栏和选项板。此外，工作空间还可以自动显示功能区，即带有特定任务的控制面板的特殊选项板。

由于界面的选择不同，工作空间会略有不同，本章主要以"二维草图与注释"界面的工作空间为例进行讲解。

1. 应用程序菜单

应用程序菜单位于 AutoCAD 界面的左上角，通过该应用程序菜单能更方便地访问公用工具，如图 9-4 所示。在这里可以新建、打开、保存、输出、打印、发布、调用及关闭图形。

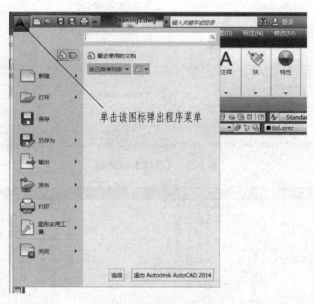

图 9-4　应用程序菜单

在应用程序菜单的上方有【搜索】工具，在这里可以快速访问工具栏、应用程序菜单和当前加载的功能区中的命令。

应用程序菜单上面的按钮可以轻松访问最近打开的文档，这些文档按大小、类型、规则和日期排序，用图标或图像的方式进行显示。

应用程序菜单的下方还有【选项】按钮，单击它可打开对话框，如图 9-5 所示，进行设置。

2. 状态栏

状态栏位于用户界面的最下面一行，用于显示光标的坐标值、绘图工具、导航工具以及用于快速查看和注释缩放的工具。用户可以以图标或文字的形式查看图形工具按钮。通

建筑工程制图与 CAD

过捕捉工具、极轴工具、对象捕捉工具和对象追踪工具的快捷菜单，可以轻松更改绘图工具的设置。

用户可以预览打开的图形和图形中的布局，并在其间进行切换；可以使用导航工具在打开的图形之间进行切换以及查看图形中的模型；还可以显示用于缩放注释的工具。通过工作空间按钮，用户可以切换工作空间。锁定按钮可锁定工具栏和窗口的当前位置。要展开图形显示区域，可以单击【全屏显示】按钮。用户还可以通过状态栏的快捷菜单向应用程序状态栏添加按钮或从中删除按钮，如图 9-6 所示。

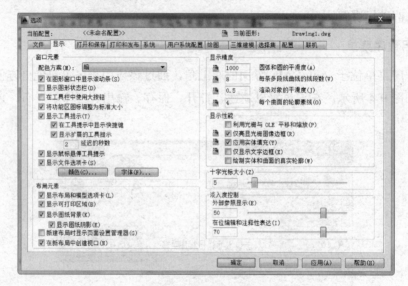

图 9-5　【选项】对话框

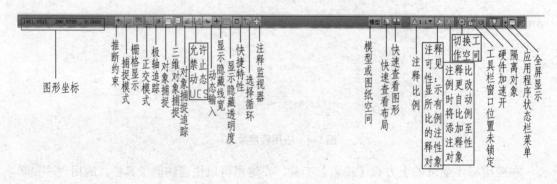

图 9-6　状态栏

3. 快捷访问工具栏

一些常用命令还可通过输入快捷键的方式实现。例如，新建文件的快捷键为 Ctrl+ N，保存当前文件的快捷键为 Ctrl+ S，全屏显示的快捷键为 Ctrl+ 0。此外，为快速启动和调用某些常用命令，AutoCAD 还定义了一些标准功能键，见表 9-1。

表 9-1 标准功能键

功能键	功 能	备 注
F1	打开 AutoCAD 的帮助资源	Windows 应用程序标准键
F2	在命令行窗口与文本窗口间切换	
F3	打开/关闭 对象捕捉	状态栏"对象捕捉"按钮
F4	打开/关闭 三维对象捕捉	状态栏"三维对象捕捉"按钮
F5	循环选择等轴测平面	在俯视/右视/左视 3 种等轴侧平面中切换
F6	打开/关闭 动态 UCS	状态栏"允许/禁止动态 UCS"按钮
F7	打开/关闭 栅格	状态栏"栅格显示"按钮
F8	打开/关闭 正交状态	状态栏"正交模式"按钮
F9	打开/关闭 捕捉状态	状态栏"捕捉模式"按钮
F10	打开/关闭 极轴追踪	状态栏"极轴追踪"按钮
F11	打开/关闭 对象捕捉追踪	状态栏"对象追踪"按钮
F12	打开/关闭 动态输入	状态栏"动态输入"按钮

4. 功能区

功能区是显示基于任务的命令和控件的选项板,基本上包括了创建文件所需的所有工具,结合了 AutoCAD 经典空间中菜单栏和工具栏的特点。

选项板及功能区是 AutoCAD 2014 中辅助图中十分重要的,很得力的制图工具,操作时只需用鼠标单击相应的选项板,然后单击功能区上的图标,系统就会执行相应的命令进行操作。在绘制设计图纸时非常方便,简单明了,易上手,适合处于初级阶段的用户。

在功能区中,命令按钮有单一型的,也有是嵌套型的,它提供的是一组相关的命令。对于嵌套的命令按钮,用鼠标单击图标右下角的三角下拉按钮,就会弹出嵌套的各个按钮,将鼠标移动到需用图标处单击,即可切换过。

5. 绘图区

绘图区是进行绘图工作的区域,位于用户界面的中心,所占屏幕区域面积最大。绘图区的背景色可以通过【选项】对话框的【显示】选项卡进行调整。有时为了增大绘图区域,可以隐藏某些暂时不需要的工具栏。单击程序状态栏上的【全屏显示】按钮,可以将图形显示区域展开为仅显示快速访问工具栏、命令窗口和状态栏。再次单击该按钮可恢复设置。

绘图区的右侧和下方有垂直方向和水平方向的滚动条。通过拖动滚动条,可以水平或垂直移动绘图区。在绘图区域的左下方有坐标系图标,用于辅助绘图时确定方向。单击绘图窗口的下方的【模型】和【布局】选项卡,可以在模型空间和图纸空间之间进行切换。

9.3 绘图工具

1. 设计中心

通过设计中心(如图 9-7 所示),可以组织对图形、块、图案填充和其他图形内容的访问;可以将源图形中的任何内容拖动到当前图形中;可以将图形、块和填充拖动到工具选项板上。源图形可以位于计算机上、网络位置或网站上。如果打开了多个图形,则可以通过设计中心在图形之间复制和粘贴其他内容(如图层定义、布局和文字格式)来简化绘图过程。

打开或关闭【设计中心】模式的方法有以下几种。

(1) 在状态栏上单击【设计中心】按钮。

(2) 快捷键:Ctrl+2。

图 9-7 【设计中心】对话框

音频:绘图的辅助
工具.mp3

2. 推断约束

启用【推断约束】模式会自动在正在创建或编辑的对象与对象捕捉的关联对象或点之间应用约束。与 AUTOCONSTRAIN 命令相似,也只在对象符合约束条件时才会应用。关闭【推断约束】后不会重新定位对象。

打开【推断约束】时,用户在创建几何图形时指定的对象捕捉将用于推断几何约束。但是,不支持下列对象捕捉:交点、外观交点、延长线和象限点。无法推断固定、平滑、对称、同心、等于、共线等约束。

3. 正交

打开正交模式,可以将光标限制在水平或垂直方向上移动,以便于精确地创建和修改对象。在绘图和编辑过程中,可以随时打开或关闭【正交】。输入坐标或指定对象捕捉时将忽略【正交】。

打开或关闭【正交】模式的方法有以下几种。

(1) 在状态栏上单击【正交】按钮。

(2) 连续单击功能键 F8 可以在开、关状态间切换。

4. 捕捉模式

捕捉模式用于限制十字形光标按照用户定义的间距移动，以便使用箭头键或定点设备精确地进行点定位。

打开或关闭【捕捉】模式的方法有以下几种。

(1) 在状态栏上单击【捕捉】按钮。

(2) 连续单击功能键 F9，可以在开、关状态间切换。

(3) 选项板的【工具】处单击鼠标右键，在弹出的快捷菜单中选择【绘图设置】命令，弹出【草图设置】对话框，选择【捕捉和栅格】选项卡，可以设置捕捉间距的数值，如图 9-8 所示。【栅格】、【极轴追踪】、【对象捕捉】、【对象捕捉追踪】、【三维对象捕捉追踪】、【动态输入】、【快捷特性】、【选择循环】也可以在【草图设置】对话框中进行设置，在此不再赘述。

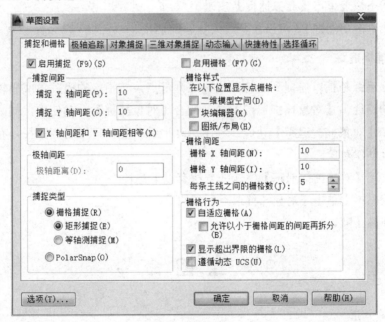

图 9-8 草图设置

5. 栅格

栅格的作用如同手工制图中使用的坐标纸，按照设置的间距在屏幕上显示出相应的点或线，充满图形界限范围内的整个区域。可以利用栅格对齐对象并直观显示对象之间的距离，从而达到精确绘图的目的。栅格在打印时不会被显示。

打开或关闭【栅格】模式的方法有以下几种。

(1)　在状态栏上单击【栅格】按钮。

(2)　连续单击功能键 F7 可以在开、关状态间切换。

6. 极轴追踪

使用极轴追踪，光标将沿极轴角度按指定增量进行移动。极轴角与当前坐标系(UCS)的方向和图形中基准角度约定的设置相关。在【草图设置】对话框中进行设置角度。

打开或关闭【极轴追踪】模式的方法有以下几种。

(1)　在状态栏上单击【极轴追踪】按钮。

(2)　连续单击功能键 F10 可以在开、关状态间切换。

7. 对象捕捉

使用对象捕捉可以精确定位现有图形对形象上的特征点。例如，对象捕捉可以轻松绘制到圆的圆心、直线的中点及端点等。打开对象捕捉，当光标移动到对象的特征点时，将显示标记和工具提示。

打开或关闭【对象捕捉】模式的方法有以下几种。

(1)　在状态栏上单击【对象捕捉】按钮。

(2)　连续单击功能键 F3 可以在开、关状态间切换。

8. 对象捕捉追踪

对象捕捉追踪是指以捕捉到的特殊位置点为基点，按指定的极轴角或极轴角的倍数对齐要指定点的路径。【对象捕捉追踪】必须配合【对象捕捉】一起使用，同时打开【对象捕捉】功能和【对象捕捉追踪】功能。利用自动追踪功能，可以对齐路径，有助于以精确的位置和角度创建对象。

打开或关闭【对象捕捉追踪】模式的方法有以下几种。

(1)　在状态栏上单击【对象捕捉追踪】按钮。

(2)　快捷键：F11。

9.4　绘 图 命 令

1. 圆的输入法

1)　具体操作有以下几种

(1)　选择【绘图】｜【圆】命令。

(2)　在命令行提示下，输入"CIRCLE"或"C"。

(3)　单击【绘图】工具栏中的【圆】按钮。

2)　绘制圆的步骤

(1)　选择【圆】的命令或在命令行输入"C"按 Enter 键。

(2)　确定圆心所在位置。

(3) 输入半径，按 Enter 键。

(4) 也可以输入直径：先输入"D"，按 Enter 键，再输入直径，按 Enter 键。

(5) 还可以根据实际情况选择三点定圆(3P)，两点定圆(2P)等。

(6) 使用"相切、相切、半径"画圆：

① 在命令行输入"C"，选中"相切、相切、半径"；或在命令行输入"C"之后，在命令行输入"T"。

② 在需要与之相切的圆或直线上各找一个相切点。

③ 输入半径，按 Enter 键。

(7) 还可以直接选择【绘图】下【圆】命令，并从下拉菜单中选择一种输入方法。

2. 直线的输入法

(1) 具体操作有以下几种。

① 选择【绘图】|【直线】命令。

② 在命令行提示下，输入"LINE"或"L"。

③ 单击【绘图】工具栏中的【直线】按钮。

(2) 绘制直线的步骤。

① 选择【直线】命令或在命令行输入"L"，按 Enter 键；或单击【绘图】工具栏中的【直线】按钮。

② 指定直线的起点。

③ 对应正交或极轴，输入直线的距离，按 Enter 键。

④ 按 Enter 键或按空格键或右击【确定】，结束直线命令。

3. 带角度的斜线输入法

(1) 选择【直线】命令，使用快捷键 Tab 在【角度】或【长度】输入框中进行切换。

(2) 选择一点，在命令行输入公式：@直线的距离<角度，按 Enter 键。

如：@100<60，长度和角度根据实际需要可输入正数和负数。

【小贴士】：@100<60 中的 < 是尖括号"<"。默认情况下，角度按逆时针方向增大(若要顺时针方向转动，需要输入的角度为负值)。

4. 正多边形的输入法

(1) 具体操作有以下几种。

① 选择【绘图】|【正多边形】命令。

② 在命令行提示下，输入"POLYGON"或"POL"。

③ 单击【绘图】工具栏中的【正多边形】按钮。

(2) 绘制正多边形的步骤。

① 选择【正多边形】命令或在命令行输入"POL"，按 Enter 键；或单击【绘图】工具栏中的【正多边形】按钮。

② 输入边的数目，按 Enter 键。

③ 指定正多边形的中心点。

④ 输入"I"或"C"，按 Enter 键；或右击，选【内接于圆】或【外切于圆】命令。

⑤ 输入圆的半径，按 Enter 键。

注：若选"内接圆(I)"，则半径为正多边形两角之间的距离。若选"外切圆(C)"，则圆的半径为正多边形两边之间的距离，也可以根据需要输入正多边的边长：在命令行输入"POL"，输入边的数目和"E"，指定第一个端点，配合极轴对正正多边方向，输入边长按 Enter 键。

5. 矩形的输入法

(1) 具体操作有以下几种。

① 选择【绘图】|【矩形】命令。

② 在命令行提示下，输入"RECTANG"或"REC"。

③ 单击【绘图】工具栏中的【矩形】按钮。

(2) 绘制正多边形的步骤。

① 选择【矩形】的命令；或在命令行输入"REC"，按 Enter 键；或单击【绘图】工具栏中的【矩形】命令。指定起点，根据需要输入矩形对角线的尺寸，按 Enter 键(按住左键向需要的方向拖拽，输入尺寸，按 Enter 键)；

② 也可以输入矩形长和宽：@长度，宽度；或输入"D"，根据命令行提示输入矩形长度，按 Enter 键，宽度，按 Enter 键。

注：单击矩形命令后，可以选择：倒角、标高、圆角、厚度、宽度设置等；或根据命令行提示输入相应的字母，进行倒角、标高、圆角、厚度、宽度等设置。(倒角是矩形四个角全部倒出来，若不需要倒角了，则重新将倒角距离设为 0，即可)"标高"和"厚度"在三维图的绘制中用到。

6. 多段线的输入法

1) 具体操作有以下几种

① 选择【绘图】|【多段线】命令。

② 在命令行提示下，输入"PLINE"或"PL"。

③ 单击【绘图】工具栏中的【多段线】按钮。

2) 绘制多段线的步骤

(1) 选择【多段线】的命令；或在命令行输入"PL"；或单击【绘图】工具栏中的【多段线】按钮。

(2) 指定起点，继续单击右键选择：圆弧、半宽、长度、放弃、宽度等设置；或者直接在命令行输入提示字母进行选择设置。

注：用多段线画出的图为一个整体。如：环形跑道的画法，步骤。

① 在命令行输入"PL"，输入直线长度 100；A(圆弧)，R(半径)，输入 15；

② 在命令行输入"A"(角度)，输入-180，指定弦的方向；

③ 在命令行输入"H"(半宽)，输入 100，指定从宽多段线线段的中心到其一边的宽度；

④ 在命令行输入"L"(直线)，输入长度 100，A(圆弧)，直接指定端点。

(3) 修改多段线：在命令行输入"PEDIT"；或选择【修改】|【对象】|【多段线】命令，可对画好的多段线进行修改(如：可将其拟合成样条曲线)。

7. 构造线的输入法

(1) 具体操作有以下几种。

① 选择【绘图】|【构造线】命令。

② 在命令行提示下，输入"XLINE"或"XL"。

③ 单击【绘图】工具栏中的【构造线】按钮。

(2) 绘制构造线的步骤。

① 选择【构造线】命令；或在命令行输入"XL"；或单击【绘图】工具栏中的【构造线】按钮。

② 根据命令行提示选择水平(H)、垂直(V)、角度(A)、二等分(B)、偏移(O)。

③ 如：选择 A，可选择 R，指定一根参照线，再输入以参照线为基准线的角度；若不选参照线，直接输入角度，则默认为以 X 轴水平正方向为基准线。

④ 如：选择 B，需先指定角的顶点，再在角的两条边上分别指定起点和端点。

例：需在 50 度角上画出二等分线。

a. 在命令行输入"XL"，选择 B，按 Enter 键。

b. 指定角的顶点，在边上指定一个起点，再在另一条边上指定端点。

c. 这样画出的线便将角分成 25 度。

⑤ 与【构造线】关联的【射线】的画法：单击【绘图】工具栏中的【射线】按钮；或在命令行输入"RAY"。

⑥ 指定射线的起点，继续指定射线的通过点、通过点、通过点……，直至不再需要，按 Enter 键结束命令。

8. 圆弧的输入法

(1) 具体操作有以下几种。

① 选择【绘图】|【圆弧】命令。

② 在命令行提示下，输入"ARC"或"A"。

③ 单击【绘图】工具栏中的【圆弧】按钮。

(2) 绘制圆弧的步骤。

① 选择【圆弧】命令；或在命令行输入"A"

② 根据现有条件指定圆弧的起点，或输入"C"指定圆心。

③ 指定圆弧的第二点，或输入"E"直接指定端点。

④ 继续根据命令行提示进行角度方向、半径等的选择，完成整个圆弧。

⑤ 圆弧的画法还可以和圆一样直接单击【绘图】工具栏中【圆弧】按钮，并从其下拉菜单中根据图上条件选择其中一种输入方法。

【小贴士】：指定圆弧起点的时候，应注意圆弧的方向，圆弧的方向都是以起点的正方向(即逆时针方向)，向端点方向旋转的。

9. 圆环的输入法

(1) 具体操作有以下几种。

① 选择【绘图】|【圆环】命令。

② 在命令行提示下，输入"DONUT"或"DO"。

③ 单击【绘图】工具栏中的【圆环】按钮。

(2) 绘制圆环的步骤。

① 选择【圆环】命令或在命令行输入"DONUT"。

② 输入圆环的内径，按 Enter 键；继续输入圆环的外径，按 Enter 键。

③ 指定中心点，按 Enter 键。(提示：若输入的内径和外径大小同为 50，则画出的圆环即为一个直径为 50 的空心圆；若输入的圆环的内径为 0，外径为 100，则画出的圆环为一个直径为 100 的实心圆，外径不能为零)。

④ 若输入圆环的内径为 10，外径为 50，则圆环呈现为中空直径为 10 的孔，外为实心且直径为 50 的一个圆环。

10. 绘制云状线

(1) 具体操作有以下几种。

① 选择【绘图】|【修订云线】命令。

② 在命令行提示下，输入"REVCLOUD"。

③ 单击【绘图】工具栏中的【修订云线】按钮。

(2) 绘制圆环的步骤。

① 选择【修订云线】命令；或在命令行输入"REVCLOND"；或单击【绘图】工具栏中的【修订云线】按钮。

② 指定起点，沿云状线路径引导十字光标，若光标移至起点，则云状线自动闭合。

③ 或点选命令后，根据命令行提示，输入"A"，指定最小弧长，继续指定最大弧长，(注：最大弧长不能大于最小弧长的 3 倍)移动鼠标绘制完云状线。

④ 若点选命令后，输入"O"(此项只对封闭对象有效)，点选需修改的云状线，根据提示选择"YES"或"NO"，选"YES"后，云状线中的各圆弧均向内凸出；选"NO"则样式不变(注：云状线也是一条多段线)。

11. 绘制样条曲线

(1) 具体操作有以下几种。

① 选择【绘图】|【样条曲线】命令。

② 在命令行提示下，输入"SPLINE"。

③ 单击【绘图】工具栏中的【样条曲线】按钮。

(2) 绘制样条曲线的步骤。

① 选择【样条曲线】命令；或在命令行输入"SPL"；或单击【绘图】工具栏中的【样条曲线】按钮。

② 指定第一点，继续指定曲线的第二点、第三点、第四点、第五点、第六点……

③ 右键确认，按 Enter 键再按 Enter 键；或连按三次 Enter 键，分别指定起点、终点切向。

④ 在绘制过程中，选择"C"闭合，则将样条曲线的首尾封闭连接起来，指定切点方向，单击确定。注：选中样条曲线后，可以根据需要更改弧度。

本章小结

通过本章的学习，了解了建筑 CAD 二维绘图命令、掌握绘图菜单内容、熟悉绘图工具栏和辅助工具、掌握绘图命令，之后可以绘制一些简单的图形。

实训练习

1. 利用对象捕捉和对象追踪命令对图 9-9 进行修改。

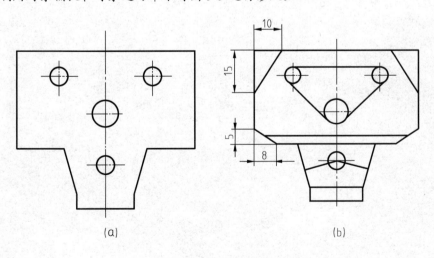

(a)   (b)

图 9-9　捕捉对象

2. 利用对象捕捉命令和对象追踪命令将图 9-10(a)按照 9-10(b)进行修改。

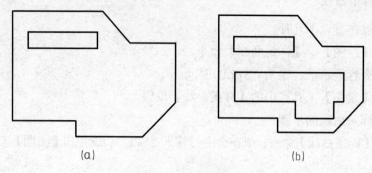

(a)　　　　　　　　　　　　(b)

图 9-10　捕捉对象

实训工作单

班级		姓名		日期	
教学项目		墙体			
任务	掌握建筑 CAD 二维绘图命令			工具	CAD

相关知识	CAD 操作
其他项目	

绘制过程记录

评语			指导教师	

第 10 章课件.pptx

第 10 章　二维图形编辑

【引子】

　　中文版 AutoCAD 的"修改"菜单中包含了大部分编辑命令，通过选择该菜单中的命令或子命令，可以合理地构造和组织图形，保证绘图的准确性，简化绘图操作。本章将介绍移动、旋转、对齐、复制、偏移、镜像、倒角、圆角和打断等命令的使用方法。

10.1　删 除 对 象

　　在绘图过程中，会有一些不想在最终图样中出现的实体，例如，辅助线或者错误图形，这时，就可以用【删除】命令将不需要的实体清除掉。

二维图形编辑 1.mp4

可用以下方法删除对象。

(1) 选择【修改】|【删除】命令。

(2) 在命令提示下，输入"ERASE"或"E"。

(3) 单击【修改】|【删除】按钮。

通常，当选择【删除】命令后，需要选择要删除的对象，然后按 Enter 键或 Space 键结束对象选择，同时将删除已选择的对象。如果在【选项】对话框的【选择集】选项卡中，勾选【选择集模式】选项组中的【先选择后执行】复选框，就可以先选择对象，然后单击【删除】按钮将其删除。

10.2 复 制 对 象

使用坐标、栅格捕捉、对象捕捉和其他工具可以精确复制对象。【复制】命令的用法与【移动】命令相似。如图 10-1 所示，将左图中的圆复制一个。

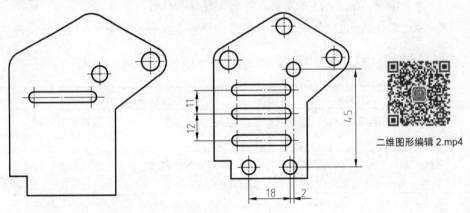

二维图形编辑 2.mp4

图 10-1   复制对象

1.复制对象方法

(1) 选择【修改】|【复制】命令。

(2) 在命令提示下，输入"COPY"或"CO"。

(3) 单击【修改】|【复制】按钮。

2. 复制对象的步骤

(1) 命令行提示如下，命令："COPY"；

(2) 选择对象：找到一个要复制的圆；

(3) 按 Enter 键；

(4) 当前设置：复制模式=多个；

(5) 指定基点或选择[位移(D)/模式(O)]|[位移]：

(6) 鼠标点取圆心作为基点；

(7) 指定第二个点或[阵列(A)]<使用第一个点作为位移>：

(8) 鼠标点取一点复制一个；

(9) 指定第二个点或[阵列(A)/退出(E)/放弃(U)]<退出>：

(10) 使用鼠标再次点取，再复制一个；如果复制结束，直接按 Enter 键。

10.3 镜 像 对 象

绕轴(镜像线)翻转对象可创建镜像图像。需指定临时镜像线，并输入两点，可以选择是删除原对象还是保留原对象。

该命令可以将对象以镜像线为准对称复制。在 AutoCAD 中，使用系统变量 MIRRTEXT 可以控制文字对象的镜像方向。如果 MIRRTEXT 的值为 1，则文字对象完全镜像，文字不可读。如果 MIRRTEXT 的值为 0，则文字对象不镜像，文字可读。

1. 镜像对象方法

(1) 选择【修改】|【镜像】命令。

(2) 在命令提示下，输入"MIRROR"或者"MI"。

(3) 单击【修改】|【镜像】按钮。

(4) 执行镜像命令。

2. 镜像对象的步骤

(1) 命令行提示如下，命令："MI"；

(2) 选择对象：选择一个要镜像的矩形；

(3) 选择对象：继续选择对象或者按 Enter 键结束选择：

(4) 指定镜像线的第一点：指定镜像线的第二点；

(5) 要删除源对象吗？[是(Y)/否(N)]]<N>；

(6) 如果镜像结束，直接按 Enter 键，如图 10-2 所示。

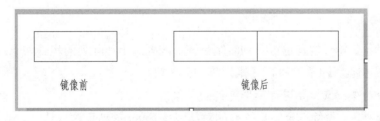

镜像前　　　　　　　　　　　　镜像后

图 10-2 镜像对象

10.4 偏 移 对 象

偏移对象是指对指定的线、圆、圆弧等作同心复制，偏移圆或圆弧可以创建更大或更小的圆或圆弧。在实际应用中，常利用该命令的特性绘制平行线或等距离分布图形。直线、圆弧、圆、椭圆和椭圆弧(形成椭圆形样条曲线)、二维多段线、构造线(参照线)和射线、样

条曲线等可以应用"偏移"命令。

1. 偏移对象方法

(1) 选择【修改】|【偏移】命令；

(2) 在命令提示下，输入"OFFSET"。

(3) 单击【修改】|【偏移】按钮。

注：使用偏移命令复制对象时，对直线段、构造线、射线作偏移，是平行复制。对圆弧作偏移后，新圆弧与旧圆弧同心且具有同样的包含角，但新圆弧的长度会发生改变；对元或椭圆作偏移后，新圆、新椭圆与旧圆、旧椭圆有同样的圆心，但新圆的半径或新椭圆的轴长会发生变化。

2. 偏移对象的步骤

(1) 命令行提示如下，命令："OFFSET"；

(2) 指定偏移距离或[通过(T)/删除(E)/图层(L)]<通过>：输入距离按 Enter 键；

(3) 选择要偏移的对象，或[退出(E)/放弃(U)]<退出>：单击选择偏移对象；

(4) 指定要偏移的那一侧上的点，或[退出(E)/多个(M)/放弃(U)]<退出>：单击偏移对象外侧；

(5) 选择要偏移的对象，或[退出(E)/放弃(U)]<退出>：继续选择偏移对象或按 Enter 键退出。

10.5 阵 列 对 象

阵列是按照矩形方阵或者按照圆周等距的方式将选中的对象进行多重复制。阵列分为矩形阵列、路径阵列和环形阵列三种。

1. 矩形阵列

将所选对象呈矩形规则进行排列复制是矩形阵列。矩形阵列的步骤如下。

(1) 单击【修改】|【阵列】|【矩形阵列】按钮；

(2) 选择对象：选择要进行矩形阵列的对象；

(3) 选择对象：继续选择矩形阵列的对象或按 Enter 键结束对象选择。结束对象选择后将显示系统默认的 3 行、4 列矩形阵列；

(4) 选择夹点以编辑阵列或[关联(AS)/基点(B)/计数(COU)/间距(S)/列数(COL)/行数(R)/层数(L)/退出(X)]<退出>：可以进行【间距】、【列数】和【行数】等选项进行所需参数值的修改，按 Enter 键完成操作。如图 10-3 所示。

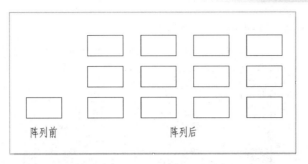

图 10-3　矩形阵列

2. 环形阵列

将所选对象围绕中心点或旋转轴复制并分布均匀是环形阵列。环形阵列的步骤如下。

(1)　单击【修改】|【阵列】|【环形阵列】按钮；

(2)　选择对象：选择要进行矩形阵列的对象；

(3)　选择对象：继续选择矩形阵列的对象或按 Enter 键结束对象选择；

(4)　指定阵列的中心点或[基点(B)/旋转轴(A)]：选择中心点，将显示阵列预览；

(5)　选择夹点以编辑阵列或[关联(AS)/基点(B)/项目(I)/项目间角度(A)/填充角度(F)/行(ROW)/层(L)/旋转项目(ROT)/退出(X)]<退出>：可以对【项目】、【填充角度】等选项进行所需参数值的修改，按 Enter 键完成操作。如图 10-4 所示。

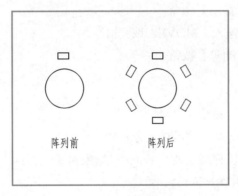

图 10-4　环形阵列

3. 路径阵列

将所选对象沿某一路径复制并均匀分布是路径阵列。该路径可以是直线、多段线、圆、圆弧等。路径阵列的步骤如下。

(1)　单击【修改】|【阵列】|【路径阵列】按钮；

(2)　选择对象：选择要进行路径阵列的对象；

(3)　选择对象：继续选择路径阵列的对象或按 Enter 键结束对象选择；

(4)　选择路径曲线：选择一个对象作为阵列路径；

(5)　选择夹点以编辑阵列或[关联(AS)/方法(M)/基点(B)/切向(T)/项目(I)/行(R)/层(L)对

齐项目(A)/Z 方向(Z)/退出(X)]<退出>：选择夹点；

(6) 指定行数：输入行数，按 Enter 键，如图 10-5 所示。

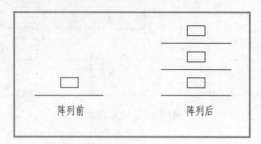

图 10-5　环形阵列

10.6　移 动 对 象

移动对象是指将选择的对象从一个位置移动到另一个位置。使用坐标、栅格捕捉、对象捕捉和其他工具可以精确地移动对象。该命令可以对指定的直线、圆弧、圆、矩形、正多边形等对象作出偏移复制。

1. 移动对象方法

(1) 选择【修改】|【移动】命令；

(2) 在命令提示下，输入"MOVE"或"M"。

(3) 单击【修改】|【删除】按钮。

2. 移动对象的步骤

(1) 命令行提示如下，命令："M"；

(2) 选择对象：选择一个要移动的对象；

(3) 选择对象：继续选择对象或按 Enter 键结束对象选择；

(4) 指定基点或[位移(D)]<位移>：；

(5) 指定第二个点或<使用第一个点作为位移>：选择移动对象到需要的位置，单击鼠标左键或按 Enter 键结束。

10.7　旋 转 对 象

旋转命令可以绕指定基点旋转某一个对象，但不会改变对象的整体尺寸的大小。选择要旋转的对象(可以依次选择多个对象)，并指定旋转基点，命令行将显示"指定旋转角度或[复制(C)参照(R)]<O>"提示信息。如果直接输入角度值，则可以将对象绕基点转动该角度，角度为正时逆时针旋转，角度为负时顺时针旋转；如果选择"参照(R)"选项，将以参照方式旋转对象，需要依次指定参照方向的角度值和相对于参照方向的角度值。

1. 旋转对象方法

(1) 选择【修改】|【旋转】命令。

(2) 在命令提示下，输入"ROTATE"或"RO"。

(3) 单击【修改】|【旋转】按钮。

执行该命令后，从命令行显示的"UCS"当前的正角方向："ANGDIR=逆时针 ANGBASE=0"提示信息中，可以了解到当前的正角度方向(如逆时针方向)。零角度方向与 X 轴正方向的夹角。

2. 旋转对象的步骤

(1) 命令行提示如下。命令："RO"；

(2) UCS 当前的正角方向："ANGDIR=逆时针 ANGBAST=0"；

(3) 选择对象：选择需要旋转的对象；

(4) 选择对象：继续选择对象或按 Enter 键结束对象选择；

(5) 指定基点：用鼠标选择一点作为旋转基点；

(6) 指定旋转角度，或[复制(C)/参照(R)]<0>：输入旋转角度按 Enter 键。输入旋转角度，逆时针为正。

10.8 对 齐 对 象

通过移动、旋转或倾斜对象，可以将当前对象与其他对象对齐。在对齐二维对象时，可以指定一对或两对对齐，既适用于二维对象，也适用于三维对象。在对齐三维对象时，则需要指定 3 对对齐点。

1. 对齐对象方法

(1) 选择【修改】|【三维操作】|【对齐】命令。

(2) 在命令提示下，输入"ALIGN"。

(3) 单击【修改】|【对齐】按钮。

2. 对齐对象的步骤

(1) 命令行提示如下，命令"ALIGN"；

(2) 选择对象：选择一个要对齐的对象；

(3) 选择对象：继续选择对象或按 Enter 键结束对象选择；

(4) 指定第一个源点：

(5) 指定第一个目标点：

(6) 指定第二个原点：

(7) 指定第二个目标点：

(8) 指定第三个源点或＜继续＞：继续指定第三个源点或按 Enter 键结束；

(9) 是否基于对齐点缩放对象？[是(Y)/否(N)]<否>：按 Enter 键结束。

10.9 修 剪 对 象

在 AutoCAD 中，可以作为剪切边的对象有直线、圆弧、圆、椭圆或椭圆弧、多段线、样条曲线、构造线、射线以及文字等。剪切边也可以同时作为被剪边。默认情况下，选择要修剪的对象(即选择被剪边)，系统将以剪切边为界，将被剪切对象上位于拾取点一侧的部分剪切掉。如果按下 Shift 键，同时选择与修剪边不相交的对象，修剪边将变为延伸边界，将选择的对象延伸至与修剪边界相交。

1. 对齐对象方法

(1) 选择【修改】|【修剪】命令(TRIM)；
(2) 在命令提示下，输入"TRIM"或"TR"；
(3) 单击【修改】|【修剪】按钮。

音频：可以作为
剪切边的对象.mp3

2. 修剪对象的步骤

(1) 命令行提示如下，命令："TRIM"；
(2) 当前设置：投影=UCS，边=无；选择剪切边；
(3) 选择对象或<全部选择>：选择要修建的对象；
(4) 选择对象：继续选择对象或按 Enter 键结束对象选择；
(5) [栏选(F)V 窗交(C)投影(P)边(E)删除(R)放弃(U)]：选择对象上要修剪掉的部分；
(6) [栏选(F)V 窗交(C)投影(P)边(E)删除(R)放弃(U)]：继续选择要修剪的部分或者按 Enter 键结束，如图 10-6 所示。

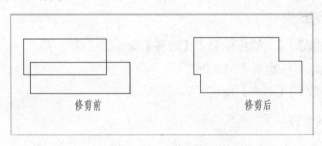

图 10-6　修剪的部分

10.10 延 伸 对 象

在绘图过程中，经常会由于移动了某个实体，使得本应相交的实体分离或者原实体间本来就分离，想让实体相交，但不清楚拉长的距离，使得求解复杂。这时就可以采用【延伸】命令，只需确定延伸边界，系统就可以很方便地完成延伸过程。延伸与修剪的操作方法相似。

1. 延伸对象方法

(1) 选择【修改】|【延伸】命令。

(2) 在命令提示下，输入"EXTEND"或"EX"。

(3) 单击【修改】|【延伸】按钮。

2. 延伸对象的步骤

(1) 命令行提示如下，命令："EX"；

(2) 当前设置：投影=UCS，边=无，选择边界的边...；

(3) 选择对象或<全部选择>：选择要延伸的对象；

(4) 选择对象：继续选择对象或按 Enter 键结束对象选择；

(5) [栏选(F)/窗交(C)/投影(P)/边(E)/放弃(U)]：选择要延伸的对象，或者按住 Shift 键选择要修剪的对象；

(6) [栏选(F)/窗交(C)/投影(P)/边(E)/放弃(U)]：继续选择或按 Enter 键结束。

不同之处在于使用延伸命令时，如果在按下 Shift 键的同时选择对象，则执行修剪命令；使用修剪命令时，如果在按下 Shift 键的同时选择对象，则执行延伸命令。延伸前后的效果，如图 10-7 所示。

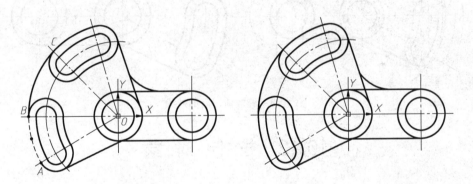

图 10-7　延伸前、后的效果对比

10.11　缩　放　对　象

使用【缩放】命令可以调整对象的大小，使其在一个方向上或是按比例放大或缩小。

1. 缩放对象方法

(1) 选择【修改】|【缩放】命令。

(2) 在命令提示下，输入"SCALE"或"SC"。

(3) 单击【修改】|【缩放】按钮。

2．缩放对象的步骤

(1) 命令行提示如下，命令："SC"；

(2) 选择对象：选择需要缩放的对象；

(3) 选择对象：继续选择对象或按 Enter 键结束对象选择；

(4) 指定基点：指定缩放基点；

(5) 指定比例因子或[复制(C)/参考(R)]：输入比例因子按 Enter 结束。

命令行将显示"指定比例因子或[复制(C)/参照(R)](1.0000>："提示信息。如果直接指定缩放的比例因子，对象将根据该比例因子相对于基点缩放，当比例因子大于 0 而小于 1 时缩小对象，当比例因子大于 1 时放大对象；如果选择"参照(R)"选项，对象将按参照的方式缩放，需要依次输入参照长度的值和新的长度值，AutoCAD 根据参照长度与新长度的值自动计算比例因子(比例因子一新长度值，参照长度值)，然后进行缩放。缩放前后的效果，如图 10-8 所示。

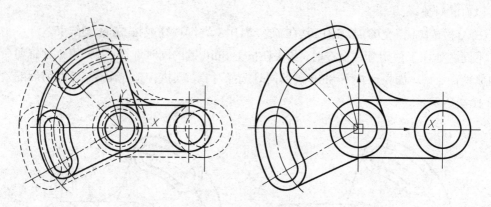

图 10-8　缩放前、后的效果

10.12　拉 伸 对 象

【拉伸】命令可以调整对象大小，使其在一个方向上按比例放大或缩小，并改变对象的形状。在选择实体时只能使用交叉窗口方式，与交叉窗口相交的实体将被拉伸，窗口内的实体随之移动。

1．拉伸对象方法

(1) 选择【修改】|【拉伸】命令。

(2) 在命令提示下，输入"STRETCH"。

(3) 单击【修改】|【拉伸】按钮。

2．拉伸对象的步骤

(1) 命令行提示如下，命令：STRETCH；

(2) 以交叉窗口或交叉多边形选择要拉伸的对象...;

(3) 选择对象：选择要拉伸的对象；

(4) 选择对象：继续选择对象或按 Enter 键结束对象选择；

(5) 指定基点或[位移(D)]<位移>：指定拉伸基点；

(6) 指定第二个点或<使用第一个点作为位移>：指定第二点，或坐标输入，矩形进行拉伸。

依次指定位移基点和位移矢量，将会移动全部位于选择窗口之内的对象，并拉伸(或压缩)与选择窗口边界相交的对象。拉伸前后的效果，如图 10-9 所示。

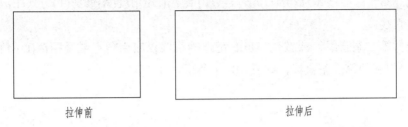

拉伸前　　　　　　　　　　拉伸后

图 10-9　拉伸前、后的效果

10.13　倒 角 对 象

在 AutoCAD 中，可以使用【倒角】命令修改对象使其以平角相接。

【倒角】命令用于连接两个对象，使其以平角或倒角方式相连接。构件上的倒角主要是为了去除锐边和安装方便，故倒角多出现在构件的外边缘。使用"倒角"命令时应先设定倒角距离，然后再指定倒角线，当两个倒角距离不相等时，要特别注意倒角第一边与倒角第二边的区分，如图 10-10 所示。

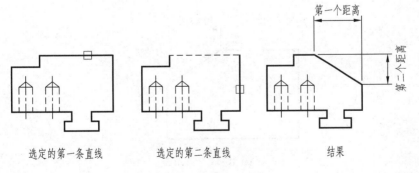

选定的第一条直线　　　选定的第二条直线　　　结果

图 10-10　倒角对象

1. 倒角对象方法

(1) 选择【修改】|【倒角】命令。

(2) 在命令提示下，输入"CHAMFER"。

音频: 倒角命令的作用
和使用.mp3

(3) 单击【修改】|【倒角】按钮。

2. 倒角对象的步骤

(1) 命令行提示如下，命令"CHAMFER"；

(2) 选择第一条直线或[放弃(U)多段线(P)距离(D)/角度(A)Y修剪(T)方式(E)多个(M)]：选择一条直线：输入"D"；

(3) 指定第一个倒角距离<0.0>：输入第一个倒角距离，如400；

(4) 指定第二个倒角距离<400>：输入第二个倒角距离，如200；

(5) 选择第一条直线或[放弃(U)/多段线(P)/距离(D)/角度(A)修剪(T)方式(E)/多个(M)]：选择第一条直线；

(6) 选择第二条直线，或按住 Shift 键选择直线以应用角点或【距离(D)/角度 A/方法(M)】：选择相邻的第二条直线，如图 10-11 所示。

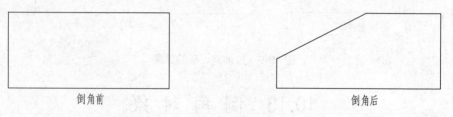

倒角前　　　　　　　　　　　　　　　　　　　　　倒角后

图 10-11　完成倒角

选项说明如下。

(1) 多段线(P)：同时对多段线的各顶点进行倒角；

(2) 距离(D)：设置倒角距离；

(3) 角度(A)。

根据一个倒角距离和一个角度设置倒角模式，如图 10-12 所示。

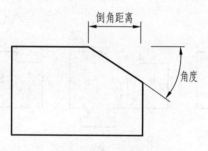

倒角距离

角度

图 10-12　倒角图

(4) 修剪(T)：确定倒角后是否对相应的倒角边进行修剪，如图 10-13 所示；

(5) 方式(E)：确定将以什么方法倒角，即选择是根据两倒角距离倒角，还是根据距离和角度进行倒角；

(6) 多个(M)：给多组对象进行连续倒角。

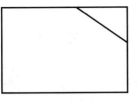
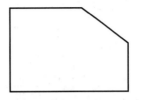

倒角后不修剪   倒角后修剪

图 10-13　倒角

10.14　圆 角 对 象

在 AutoCAD 中，可以使用【圆角】命令修改对象使其以圆角相接。在命令行提示中，选择【半径(R)】选项，即可设置圆角的半径大小，如图 10-14 所示。

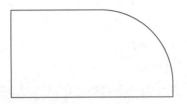

图 10-14　圆角对象

1. 圆角对象方法

(1)　选择【修改】|【圆角】命令。

(2)　在命令提示下，输入"FILLET"或"F"。

(3)　单击【修改】|【圆角】按钮。

2. 圆角对象的步骤

(1)　命令行提示如下，命令："F"；

(2)　当前设置：模式=修剪，半径=0.0000；

(3)　选择第一个对象或[放弃(U)/多段线(P)/半径(R)/修剪(T)/多个(M)]：R

输入"R"，进行倒角半径的设置；

(4)　指定圆角半径<0.0>：输入圆角半径值；

(5)　选择第一个对象或[放弃(U)/多段线(P)/半径(R)/修剪(T)/多个(M)]：选择一个倒角对象；

(6)　选择第二个对象，或按住 Shift 键选择要应用角点的对象：选择另一个倒角对象。

【小贴士】：

(1)　各选项含义与"倒角"命令中各选项的含义相同，在此不再赘述，请用户自行试用。

(2)　当圆角半径为 0 时，则圆角操作将修剪或延伸这两个对象直至相交，但不创建圆角。

10.15 打 断 对 象

在 AutoCAD 中，使用【打断】命令可部分删除对象或把对象分解成两部分，还可以使用"打断于点"命令，将对象在一点处断开成两个对象。

1. 打断对象方法

(1) 选择【修改】|【打断】命令。

(2) 在命令行提示下，输入"BREAK"或"BR"。

(3) 单击【修改】|【打断】按钮。

2. 打断对象的步骤

(1) 命令行提示如下，命令："BREAK"；

(2) 选择对象：选择需要打断的对象；

(3) 指定第二个打断点或[第一点(F)]：F。

输入"f"，重新选择第一打断点：

(4) 指定第一个打断点：选择第一个打断点；

(5) 指定第二个打断点：指定第二个打断点，完成打断操作，如图 10-15 所示。

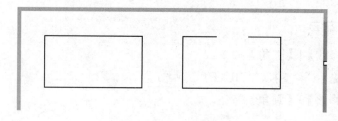

图 10-15 打断对象

【小贴士】：

(1) 默认情况下，在选择对象时点取的点作为第一个打断点，要选择其他打断点时，要输入"f"(第一个)，然后再重新指定第一个打断点。

(2) 要将对象一分为二，而不删除某个部分时，要在相同的位置指定两个打断点，或者在提示输入第二打断点时直接输入@；或者选择【打断于点】命令完成。

10.16 合 并 对 象

【合并】命令可以将多个对象合并为一个对象。将两条直线合并为一个对象。

1. 合并对象方法

(1) 选择【修改】|【合并】命令。

(2) 在命令提示下，输入"JOIN"。

(3) 单击【修改】|【合并】按钮。

2. 合并对象的步骤

(1) 命令行提示如下，命令："JOIN"；

(2) 选择源对象或要一次合并的多个对象：选择要合并的对象；

(3) 选择要合并的对象：继续选择对象或按 Enter 键结束对象选择；

已将 1 条直线合并到源；

显示命令执行结果，如图 10-16 所示。

图 10-16　合并对象

【小贴士】：

(1) 有效的合并对象包括圆弧、椭圆弧、直线、多段线和样条曲线。

(2) 要合并的直线对象必须共线(位于同一无限长的直线上)，但是它们之间可以有间隙。

(3) 将直线、多段线或圆弧、样条曲线等合并为多段线，对象之间不能有间隙，必须位于与 UCS 的 XY 平面平行的同一平面上。

(4) 要合并的圆弧对象必须位于同一假想的圆上，要合并的椭圆弧对象必须位于同一假想的椭圆上，它们之间可以有间隙。

10.17　分 解 对 象

【分解】命令可以将多段线、标注、图案填充或块等复合对象转变为单个元素，以便对其进行多种编辑操作。

1. 分解对象方法

(1) 选择【修改】|【分解】命令。

(2) 在命令提示下，输入"EXPLODE"。

(3) 单击【修改】|【分解】按钮。

2．分解对象的步骤

(1) 命令行提示如下，命令："EXPLODE"；

(2) 选择对象：选择要分解的对象；

(3) 选择对象：继续选择要分解的对象或按 Enter 键结束对象选择。

【小贴士】：

(1) 任何分解对象的颜色、线形和线宽都可能会改变。其他结果将根据分解的合成对象类型的不同而有所不同。

(2) 对于大多数对象，分解的效果是看不出来的，需要进行后续操作才能体现出对象已被分解。

10.18　编辑对象特性

对象特性包含一般特性和几何特性，一般特性包括对象的颜色、线型、图层及线宽等，几何特性包括对象的尺寸和位置。可以直接在【特性】选项板中设置和修改对象的特性。

1．打开【特性】选项板

选择【修改】|【特性】命令，或选择【工具】|【特性】命令，也可以在【标准】工具栏中单击【特性】按钮。

【特性】选项板默认处于浮动状态。在【特性】选项板的标题栏上右击，弹出快捷菜单，包括是否隐藏选项板、是否在选项板内显示特性的说明部分以及是否将选项板锁定在主窗口中等选项。

2．【特性】选项板的功能

【特性】选项板中显示了当前选择集中对象的所有特性和特性值，当选中多个对象时，将显示它们的共有特性。可以通过其浏览、修改对象的特性，也可以浏览、修改满足应用程序接口标准的第三方应用程序对象。

音频："特性"
选项板的功能.mp3

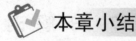 本章小结

通过本章的学习掌握删除、移动、旋转和对齐对象的方法，并能完成相关图样的编辑操作、掌握复制、阵列、镜像和偏移对象的方法，并能完成相关图样的编辑操作。熟悉倒角、圆角、分解、打断和合并命令的应用方法，并能完成相关图样的编辑操作。

实训练习

一、单选题

1. 用来绘制直线段与弧线转换的命令是(   )。

    A. 样条曲线   B. 多线   C. 多段线   D. 构造线

2. 捕捉一个线的端点使用的命令是(   )。

    A. MID   B. END   C. EDGE   D. ELEMENT

3. 由一个画好的圆实现一组同心圆的命令是(   )。

    A. STRETCH   B. MOVE   C. EXTEND   D. OFFSET

4. 用 RECTANGLE 命令画成一个矩形，它包含的图元是(   )。

    A. 一个   B. 两个   C. 不确定   D. 四个

二、多选题

1. 在 AutoCAD 中，画圆的方法正确的有(   )。

    A. 两点画圆   B. 三点画圆   C. 相切、相切、半径

    D. 相切、相切、相切   E. 圆心、半径

2. 在同一层上的物体，肯定(   )。

    A. 有一样的线型   B. 有一样的线型比例   C. 有一样的颜色

    D. 有一样的可见性   E. 以上都是错误的

三、简答题

1. 简述 CAD 技术的主要应用领域？

2. 简述设计的 CAD 系统的类别？

3. 简述 CAD 的基本功能？

第 10 章课后答案.docx

实训工作单

班级		姓名		日期	
教学项目		建筑施工图的绘制			
任务	绘制某建筑施工图的多层平面图		图纸类型	多层框架结构建筑施工图	
相关知识		删除、移动、旋转和对齐对象的方法。 倒角、圆角、分解、打断和合并命令的应用方法。			
其他要求					

读图、绘制过程记录

评语				指导教师	

第 11 章课件.pptx

第 11 章　辅助绘图、标注编辑文字

【教学目标】

- 掌握坐标系的表示和建立
- 掌握捕捉和栅格的设置
- 了解文字样式的创建和设置
- 了解尺寸标注

【教学要求】

本章要点	掌握层次	相关知识点
坐标系	坐标系的建立	坐标系的表示和建立
捕捉设置	捕捉和栅格的设置	捕捉和栅格
创建文字样式	设置文字样式	设置文字样式
尺寸标注	尺寸标注基本规定	尺寸标注规定

【引子】

在 AutoCAD 中设计和绘制图形时，有些图形对尺寸要求比较严格，这时可以用指定点的坐标法绘制图形，还可以使用系统提供的【捕捉】、【对象捕捉】、【对象追踪】等功能，在不输入坐标的情况下快速、精确地绘制图形。

11.1　使用坐标系

在绘图过程中要精确定位某个对象时，必须以坐标系作为参照，以便精确拾取点的位置，准确地设计并绘制图形。

1. 世界坐标系与用户坐标系

坐标(x，y)是表示点的最基本方法。在 AutoCAD 中，坐标系分为世界坐标系(WCS)和用户坐标系(UCS)。两种坐标系下都可以通过坐标(x，y)精确定位点。默认情况下，绘制新图形时，当前坐标系为世界坐标系，包括 X 轴和

辅助绘图.mp4

Y 轴(如果在三维空间工作，还有一个 Z 轴)。WCS 坐标轴的交汇处显示"口"形标记，坐标原点不在坐标系的交汇点，而是位于图形窗口的左下角，所有的位移都是相对于原点计算的，并且沿 X 轴向右及 Y 轴向上的位移规定为正方向。

在 AutoCAD 中，为了能够更好地辅助绘图，经常需要修改坐标系的原点和方向，这时世界坐标系将转换为用户坐标系，即 UCS 的原点以及 X 轴、Y 轴、Z 轴方向都可以移动及旋转，甚至可以依赖图形中某个特定的对象。尽管用户坐标系中 3 个轴之间仍然互相垂直，但是在方向及位置上更加灵活。另外，UCS 没有"口"形标记。

2．坐标系的表示方法

点的坐标可以使用绝对笛卡尔坐标、绝对极坐标、相对笛卡尔坐标和相对极坐标 4 种方法表示，其特点有以下几种。

(1) 绝对笛卡尔坐标：是从(0，0)或(0，0，0)出发的位移，可以使用分数、小数或科学记数等形式表示点的 X、Y、Z 轴坐标值，坐标值之间用逗号隔开，如(8.7，5.8)和(3.2，5.1，6.2)等。

(2) 绝对极坐标：是从(0，0)或(0，0，0)出发的位移，但给定的是距离和角度，其中距离和角度用"<"分开，且规定 X 轴正向为 0 度，Y 轴正向为 90 度。如(4.25<50)、(35<20)等。

(3) 相对笛卡儿坐标和相对极坐标：相对坐标表示方法是在绝对坐标表达方式前加"@"号，如(@13，8)和(@15 < 25)。其中，相对极坐标中的角度是新点和上一点连线与 X 轴的夹角。

3．控制坐标的显示

音频：控制坐标
的显示.mp3

在绘图窗口中移动光标时，状态栏上将动态地显示当前指针的坐标。坐标显示取决于所选择的模式和程序中运行的命令。

(1) 模式 0，"关"：显示上一个拾取点的绝对坐标。此时，指针坐标将不能动态更新，只有在拾取一个新点时，显示才会更新。但是，从键盘输入一个新点坐标时，不会改变该显示方式。

(2) 模式 1，"绝对"：显示光标的绝对坐标，该值是动态更新的，默认情况下，显示方式是打开的。

(3) 模式 2，"相对"：显示一个相对坐标。当选择该方式时，如果当前处于拾取点状态，系统将显示光标所在位置相对于上一个点的距离和角度。当恢复拾取点状态时，系统将恢复到模式 1。

4．创建坐标系

(1) 创建用户坐标。

选择【工具】|【新建 UCS】命令，利用其子命令可以方便地创建 UCS。

(2) 命名用户坐标。

选择【工具】|【命名 UCS】命令，打开 UCS 对话框，在【正交 UCS】选项卡中【当前 UCS】列表中选择需要的正交坐标系，如俯视、仰视、左视、右视、主视和后视等。

选择【工具】|【命名 UCS】命令，打开 UCS 对话框，单击【命名 UCS】选项卡，在【当前 UCS】列表中包括【世界】、【上一个】或某个 UCS，单击【置为当前】按钮，可将其置为当前坐标系，这时在该 UCS 前面将显示 "⬇" 标记。也可以单击【详细信息】按钮，在【UCS 详细信息】对话框中查看坐标系的详细信息。

(3) 使用正交用户坐标。

选择【工具】|【命名 UCS】命令，打开 UCS 对话框，在【正交 UCS】选项卡中选择需要的正交坐标系，如俯视、仰视、左视、右视、主视和后视等。

(4) 设置 UCS。

使用 UCS 对话框中的【设置】选项卡可以进行 UCS 图标设置和 UCS 设置。如图 11-1 所示。

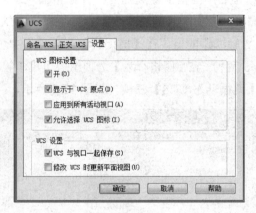

图 11-1 设置 UCS 对话框

11.2 设置捕捉和栅格

1. 打开或关闭捕捉和栅格

栅格是一些标定位置的小点，具有坐标纸的作用，可提供直观的距离和位置参照，类似于坐标纸中的方格。另外，栅格还显示当前图形界限的范围。

捕捉则使光标只能停留在图形中指定的点上，一般来说，栅格与捕捉的间距和角度都设置为相同的数值，打开捕捉功能之后，光标只能定位在图形中的栅格点上。

可用以下方法打开或关闭【捕捉】和【栅格】。

(1) 在状态栏中，单击【捕捉】和【栅格】按钮。

(2) 按 F7 键打开或关闭栅格，按 F9 键打开或关闭捕捉。

(3) 选择【工具】|【绘图设置】命令，打开【草图设置】对话框，在

标注编辑文字.mp4

【捕捉和栅格】选项卡中勾选或取消【启用捕捉】和【启用栅格】复选框。如图 11-2 所示。

2. 设置捕捉和栅格参数

捕捉类型选项组用来设置捕捉的模式，在二维绘图中常用的是矩形捕捉，等轴测捕捉只在绘制等轴图形时才使用，这里仅介绍矩形捕捉的设置。

在绘图中，一般只需设置栅格和捕捉的间距。间距设置得太大，起不到应有的辅助作用；设置太小又会影响绘图的效率，具体数值的大小由图形的大小来确定。

设置捕捉选项组中的角度选项，可绘制倾斜图形。如果捕捉类型和样式选项组中的设置捕捉类型为极轴捕捉选项，则需要设置极轴间距，指定极轴捕捉的距离。

3. 功能

勾选【启用捕捉】复选框打开捕捉方式。在【捕捉】选项组中可以设置【捕捉间距】以及【捕捉类型】。勾选【启用栅格】复选框可打开栅格的显示。在【栅格】选项组中可设置【栅格样式】、【栅格间距】和【栅格行为】。如果栅格的 X 轴和 Y 轴间距值为 0，则栅格采用捕捉 X 轴和 Y 轴间距的值。在【捕捉类型】选项组中可以设置捕捉类型，包括【栅格捕捉】和 PolarSnap 两种。在【栅格行为】选项组中可用于设置【自适应栅格】、【显示超出界限的栅格】和【遵循动态 UCS】三种。如图 11-2 所示。

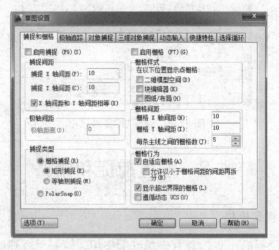

图 11-2 【捕捉和栅格】选项卡

11.3 使用 GRID 与 SNAP 命令

除了通过【草图设置】对话框设置栅格和捕捉参数，还可以通过 GRID 与 SNAP 命令来设置。

1. GRID 命令

执行 GRID 命令时，提示信息如下：

(1) 命令行提示，命令："GRID"；

(2) 指定栅格间距(X)或[开(ON)/关(OFF)/捕捉(S)/主(M)/自适应(D)/跟随(F)/纵横向间距(A)]<1.0>；

默认情况下，需设置栅格间距值。该间距不能设置太小，否则将导致图形模糊，甚至无法显示栅格。

2. SNAP 命令

执行 SNAP 命令时，提示信息如下：

(1) 命令行提示，命令："SNAP"；

(2) 指定捕捉间距或[打开(ON)/关闭(OFF)/纵横向间距(A)/样式(S)/类型(T)]<1.0>；

默认情况下，需要指定捕捉间距，并使用【打开(ON)】选项，以当前栅格的分辨率和样式激活捕捉模式；使用【关闭(OFF)】选项，关闭捕捉模式，但保留当前设置。

11.4 使用极轴追踪

在 AutoCAD 中，自动追踪可按指定角度绘制对象，或者绘制与其他对象有特定关系的对象。自动追踪功能分极轴追踪和对象捕捉追踪两种。

可用以下方法打开或关闭【极轴追踪】。

(1) 在状态栏中，单击【极轴追踪】按钮。

(2) 按 F10 键打开或关闭极轴追踪。

(3) 选择【工具】|【绘图设置】命令，打开【草图设置】对话框，在【极轴追踪】选项卡中勾选或取消【启用极轴追踪】，如图 11-3 所示。

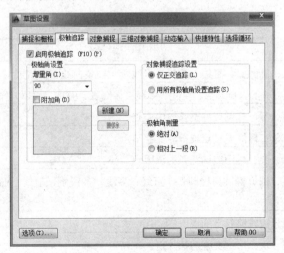

图 11-3 【捕捉追踪】选项卡

11.5 打开对象捕捉功能

在绘图过程中，可以使用光标自动捕捉到对象中的特殊点，如断点、中点和圆心等。使用这种功能，能快速地绘制已经存在的对象的特殊点的图形对象。

可用以下方法打开或关闭【对象捕捉】。

(1) 在状态栏上单击【对象捕捉】按钮。

(2) 连续按 F3 功能键，可以在开、关状态间切换。

(3) 选择【工具】|【草图设置】命令，打开【草图设置】对话框，在【对象捕捉】选项卡中勾选或取消【启用对象捕捉】，在【对象捕捉模式】勾选或取消捕捉模式。如图 11-4 所示。

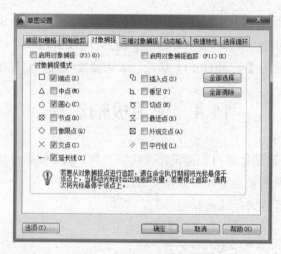

图 11-4 【对象捕捉】选项卡

对象捕捉中的各项含义具体见表 11-1 所示。

表 11-1 捕捉中的各项含义

捕捉点	意 义
端点	捕捉圆弧、椭圆弧、直线、多线、多线段、样条曲线、面域或射线最近的端点
中心	捕捉圆弧、椭圆、椭圆弧、直线、多线、多线段、面域、实体、样条曲线或参照物的中心
圆点	捕捉圆弧、圆、椭圆或椭圆弧的中心点
节点	捕捉点对象、标注定义点或标注文字节点
象限点	捕捉圆弧、圆、椭圆或椭圆弧的象限点
交点	捕捉圆弧、圆、椭圆、椭圆弧、直线、多线、多段线、射线、面域、样条曲线或参照线的交点
延长线	捕捉直线延长线路径上的点
插入点	步骤属性、块、形或文字的插入点
垂足	捕捉圆弧、圆、椭圆、椭圆弧、直线、多线、射线、面域、实体的垂足

捕捉点	意　义
切点	捕捉到圆弧、圆、椭圆、椭圆弧或样条曲线的切点
最近点	捕捉圆弧、圆、椭圆、椭圆弧、直线、多线、点、多段线、射线、参照线的最近点
外观交点	捕捉不在同一平面但在当前识图中看起来可能相交的两个对象的视觉交点
平行线	指定线性对象上的点，通过该点的直线、多段线、射线，或构造线与其他线性对象平行

极轴追踪是按事先给定的角度增量来追踪特征点。对象捕捉追踪则按与对象的某种特定关系来追踪，这种特定关系确定了一个未知角度。也就是说，如果事先知道要追踪的方向(角度)，则使用极轴追踪；如果事先不知道具体的追踪方向(角度)，但知道与其他对象的某种关系(如相交)，则用对象捕捉追踪。极轴追踪和对象捕捉追踪可以同时使用。

11.6　对象捕捉追踪

对象捕捉追踪是指以捕捉到的特殊位置点为基点，按指定的极轴角或极轴角的倍数对齐要指定点的路径。【对象捕捉追踪】必须配合【对象捕捉】功能一起使用，即同时打开【对象捕捉】功能和【对象捕捉追踪】功能。利用自动追踪功能，可以沿着基于对象捕捉点的对齐路径进行追踪。已获取的点将显示一个小加号(+)，一次最多可以获取七个追踪点。获取追踪点之后，当在绘图路径上移动光标时，将显示相对于获取点的水平、垂直或极轴对齐路径。例如，可以基于对象端点、中点或者对象的交点，沿着某个路径选择一点。

打开或关闭【对象捕捉追踪】模式的方式如下。

(1) 在状态栏上，单击【对象捕捉】和【对象捕捉追踪】按钮。

(2) 按组合快捷键 F11+F3。

(3) 在【草图设置】对话框的【对象捕捉】选项卡，勾选【启用对象捕捉追踪】单选框，即完成了对象捕捉追踪设置。

11.7　使用动态输入

在 AutoCAD 中，使用动态输入功能可以在指针位置处显示标注输入和命令提示等信息，从而极大地方便了绘图。

1. 启用指针输入

在【草图设置】对话框的【动态输入】选项卡中，勾选【启用指针输入】复选框启用【指针输入】功能。在【指针输入】选项组中单击【设置】按钮，打开的【指针输入设置】对话框设置指针的格式和可见性。

2. 启用标注输入

在【草图设置】对话框的【动态输入】选项卡中勾选【可能时启用标注输入】复选框

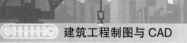

启用【标注输入】功能，在【标注输入】选项组中单击【设置】按钮，在打开的【标注输入的设置】对话框中设置标注的可见性。

3. 显示动态提示

在【草图设置】对话框的【动态输入】选项卡中，勾选【动态提示】选项组中的【在十字光标附近显示命令提示和命令输入】复选框，可以在光标附近显示命令提示。

11.8　使用正交模式

AutoCAD 提供的正交模式也可以用来精确定位点，使用 ORTHO 命令，可以打开正交模式，用于控制是否以正交方式绘图。

打开正交模式，可以将光标限制在水平或垂直方向上移动，以便于精确地创建和修改对象。在绘图和编辑过程中，可以随时打开或关闭【正交】。输入坐标或指定对象捕捉时将忽略【正交】。

可用以下方法打开或关闭【正交】模式。

(1)　在状态栏上单击【正交】按钮。

(2)　连续按 F8 功能键，可以在开、关状态间切换。

【小贴士】：

(1)　打开【正交】模式时，可以直接距离输入创建指定长度的正交线或将对象移动指定的距离。

(2)　【正交】模式和【极轴追踪】不能同时打开，打开【正交】模式将关闭【极轴追踪】。

11.9　创建文字样式

创建文字样式是进行文字注释和尺寸标注的首要任务。在一个图形中，可以定义多种文字样式，以适应不同对象的需要。

文字样式是用来定义文字各种参数的，如文字的字体、大小、倾斜度和方向等。在进行文字标注之前，首先应设置文字样式，文字样式决定了文字的外观形状。

字体样式是定义文本标注时的各种参数和表现形式。可用以下方法启动文字样式命令。

(1)　功能区：单击【常用】选项卡中的【注释】下的【文字样式】图标。

(2)　菜单栏：选择【格式】|【文字样式】命令。

(3)　命令行：输入"STYLE"(快捷命令 ST)并按 Enter 键。

选择【文字样式】命令后，弹出如图 11-5 所示对话框。下面对该对话框的设置选项进行具体讲解。

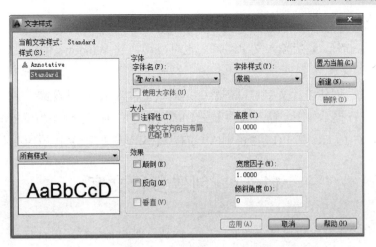

图 11-5 【文字样式】对话框

11.10   创建单行文字

创建文本有两种方式：一种是创建单行文字，即启动命令后每次只能输入一行文本，不能自动换行输入；一种是创建多行文字，即一次可以输入多行文本，本节介绍单行文字的输入。

对于单行文字来说，每一行都是一个文字对象，因此可以用来创建文字内容比较简短的文字对象(例如标签)。

1. 启动方法

可用以下方法启动 Dtext 命令。

(1) 菜单栏：选择【绘图】|【文字】|【单行文字】命令。

(2) 功能区：单击【注释】选项卡中的【单行文字】图标；

(3) 命令行："DTEXT"(快捷命令 DT)并按 Enter 键。

2. 操作步骤

执行该命令后执行以上任一项都能调用单行文字命令。命令行提示如下。

(1) 命令："DTEXT"；

(2) 当前文字样式："Standard"文字高度：2.5000 注释性：否；对正：左；

(3) 指定文字的起点或[对正(J)/样式(S)]：选择文字起点；

(4) 指定高度<0>：输入指定高度；

(5) 指定文字的旋转角度<0>：输入旋转角度；

① 指定文字的起点：默认情况下，通过指定单行文字行基线的起点位置创建文字。指定插入点后，如果当前文字样式的高度设置为 0，系统将显示"指定高度："提示信息，要求指定文字高度，否则不显示该提示信息，而使用【文字样式】对话框中设置的文字高

度。系统显示"指定文字的旋转角度 < 0："提示信息，要求指定文字的旋转角度，或按 Enter 键使用默认角度 0"。最后输入文字即可。也可以切换到 Windows 的中文输入方式下，输入中文文字。

② 对正(J)：创建单行文字时，在命令行提示下输入 J，可以设置文字对齐方式，选择该命令后，命令行提示如下。输入选项【左(L)/居中(C)/右(R)/对齐(A)/中间(M)/布满(F)/左上(TL)/中上(TC)/右上(TR)/左中(ML)/正中(MC)/右中(MR)/左下(BL)/中下(BC)/右下(BR)】。

11.11　创建多行文字

用 Dtext 命令虽然也可以标注多行文字，但换行时不易进行定位及行列对齐不易操作，且标注结束后每行文本都是一个单独的实体，不易编辑。AutoCAD 为此提供了 Mtext 命令，一次可以标注多行文本，将其作为同一个实体。这在注写设计说明中非常有用。

1. 启动方法

可用以下方法启动 MTEXT 命令。

(1) 菜单栏：选择【绘图】|【文字】|【多行文字】命令。

(2) 工具栏：选择【绘图】|【多行文字】命令。

(3) 功能区：单击【注释】选项卡中的【多行文字】图标。

(4) 命令行："MTEXT"(快捷命令 MT)并按 Enter 键。

2. 操作步骤

执行以上任一项都能调用单行文字命令。命令行提示如下。

(1) 命令："MTEXT"；

(2) 指定第一角点；

(3) 当前文字样式："Standard"文字高度：2.5 注释性：否；

(4) 指定对角点或[高度(H)/对正(J)/行距(L)/旋转(R)/样式(S)宽度(W)/栏(C)]；

(5) 输入文字。如图 11-6 所示。

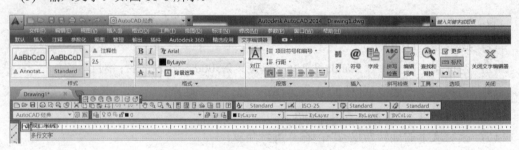

图 11-6　【多行文字】功能区

11.12 编 辑 文 字

要编辑创建的多行文字，可用 DDEDIT 命令打开多行文字编辑窗口，参照多行文字的设置方法，修改并编辑文字；或者是使用属性管理器编辑文字。

1. 使用 DDEDIT 命令

可用以下方法启动 Dtext 命令。

(1) 功能区：单击【注释】选项卡中的【文字】下面的【单行文字】图标。

(2) 菜单栏：选择【绘图】|【文字】|【单行文字】命令。

(3) 命令行：输入"DDEDIT"(简捷命令 ED)并按 Enter 键。

鼠标左键直接双击文本实体，也可进入文本编辑状态，这也是最快捷的方式。

启动 Ddedit 命令后，选取要修改的文本。若选取的文本是用 Dtext 命令标注的单行文本，则会出现所选择的文本内容，此时只能对文字内容进行修改。

若选取的文本是用 Mtext 命令标注的多行文本，则进入到文本编辑器，在这里可以对文本进行全面的编辑修改。

2. 使用属性管理器

选择文本，单击鼠标右键，在弹出的快捷菜单中选择【特性】命令，打开【特性管理器】对话框，如图 11-7 所示，就可以利用【特性管理器】进行文本编辑了。

图 11-7 【特性管理器】对话框

【小贴士】：在用特性管理器进行文本编辑时，允许一次选择多个文本实体。而用 Ddedit 命令编辑文本时，每次只能选择一个文本实体。

11.13　使用文字控制符

在绘图中，往往需要标注一些特殊字符。例如，为文字添加上划线、下划线、标注、±、⌀等符号。这些特殊字符不能通过键盘直接输入，因此 AutoCAD 提供了相应的控制符，以实现这些标注要求，见表 11-2。

表 11-2　标注要求

控制符	相关特殊字符作用
%%O	打开或关闭文字上划线功能
%%U	打开或关闭文字下划线功能
%%D	标注符号"度"（°）
%%P	标注正负号（±）
%%C	标注直径（⌀）

"输入文字:"提示下，输入控制符时，这些控制符也临时显示在屏幕上，当结束文本创建命令时，这些控制符将从屏幕上消失，转换成相应的特殊符号。

11.14　尺寸标注的规则

尺寸是工程图纸中的一项重要内容，它描述了图形对象各个组成部分的大小及相互位置关系。工程图纸离不开各种类型的尺寸标注。熟练掌握各种图形尺寸标注方法，是绘制工程图纸的基本要求。图样中所标注的尺寸为该图样所表示的物体的最后完工尺寸，否则应另加说明。一般情况下物体的尺寸只标注一次，并应标注在可反映该结构最清晰的图形上。对绘制的图形进行尺寸标注时应遵循以下规则。

音频：对绘制的图形进行尺寸标注的规则.mp3

物体的真实大小应以图样上所标注的尺寸数值为依据，与图形的大小及绘图的准确度无关。图样中的尺寸以 mm 为单位时，不需要标注计量单位的代号或名称。如采用其他单位，则必须注明相应计量单位的代号或名称。

11.15　创建标注样式

尺寸标注样式控制着尺寸标注的外观和功能，在进行标注前，需要根据使用要求创建或者设置标注样式，才能更好地进行图形标注。

音频：创建标注样式的方法.mp3

AutoCAD 提供了 DIMSTYLE 命令，用来创建或修改尺寸标注样式。可用以下方法启动 DIMSTYLE 命令。

(1)　功能区：单击【注释】选项卡中的【标注】下面的【标注样式】

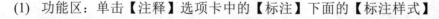

图标。

(2) 菜单栏：选择【格式】或【标注】|【标注样式】命令。

(3) 工具栏：单击【标注】工具栏|【标注样式】图标。

(4) 命令行：输入"DIMSTYLE"(简捷命令 D)并按 Enter 键。

在弹出的【标注样式管理器】对话框中，可新建或修改标注样式，如图 11-8 所示。当个别尺寸与已有的标注样式相近但是却不完全相同时，选择【标注样式管理器】对话框中的【替代】功能，设置临时的替代标注样式标注相似的个别尺寸。

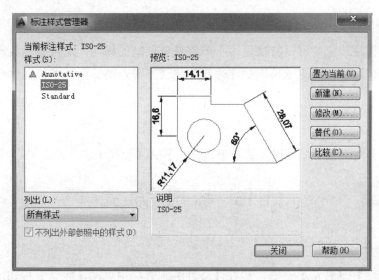

图 11-8 【标注样式管理器】对话框

1. 直线格式

在【新建标注样式】对话框中，使用【线】选项卡可以设置尺寸线、尺寸界线的格式和位置。

(1) 尺寸线。在【尺寸线】选项组中，可以设置尺寸线的颜色、线宽、超出标记以及基线间距等属性。

(2) 尺寸界限。在【尺寸界限】选项组中可以设置尺寸界线的颜色、线宽、超出尺寸线的长度和起点。

2. 符号和箭头格式

在【符号和箭头格式】对话框中，可以设置【箭头】、【圆心标记】、【折断标注】、【弧长符号】、【半径折弯标注】和【线性折弯标注的属性】。

3. 文字格式

在【文字格式】对话框中，可以设置文字的【样式】、【颜色】、【高度】和【分数高度比例】，以及控制是否绘制文字边框等。

4．调整

在【文字格式】对话框中，可以设置【调整选项】、【文字位置】、【标注特征比例】和【优化】。

5．主单位格式

在【主单位格式】对话框中，可以选择【主单位】选项卡设置主单位的【格式】与【精度】等属性。

6．换算单位

通过换算标注单位，可以转换使用不同测量单位制的标注，通常显示英制标注的等效公制标注，或公制标注的等效英制标注。在标注文字中，换算标注单位显示在主单位旁边的方括号中。

7．公差

在【公差】对话框中，可以设置【公差格式】、【换算单位公差】等。

11.16 标 注 方 式

1．线性标注

选择【标注】|【线型】命令，或在【标注】工具栏中单击【线型】按钮，创建用于标注用户坐标系 XY 平面中的两个点之间的距离测量值，并通过指定点或选择一个对象来实现。

2．对齐标注

选择【标注】|【对齐】命令，或在【标注】工具栏中单击【对齐】按钮，对对象进行对齐标注。对齐标注是线性标注尺寸的一种特殊形式。在对直线段进行标注时，如果该直线的倾斜角度未知，那么使用线性标注方法将无法得到准确的测量结果，这时可以使用对齐标注。

3．弧长标注

选择【标注】|【弧长】命令，或在【标注】工具栏中单击【弧长】按钮，可以标注圆弧线段或多段线圆弧线段部分的弧长。

4．基线标注

选择【标注】|【基线】命令，或在【标注】工具栏中单击【基线】按钮，创建一系列由相同的标注源点测量出来的标注。在进行基线标注之前必须先创建(或选择)一个线型、坐标或角度，以作为基准标注。

5. 连续标注

选择【标注】|【连续】命令，或在【标注】工具栏中单击【连续】按钮，创建一系列端对端放置的标注，每个连续标注都从前一个标注的第二个尺寸界线处开始。在进行连续标注之前，必须先创建(或选择)一个线型、坐标或角度标注，以基准标注，并确定连续标注所需要的前一尺寸标注的尺寸界线。

6. 半径标注

选择【标注】|【半径】命令，或在【标注】工具栏中单击【半径】按钮，可以标注圆和圆弧的半径。执行该命令，选择要标注半径的圆弧或圆即可。

7. 折弯标注

选择【标注】|【折弯】命令，或在【标注】工具栏中单击【折弯】按钮，可以折弯标注圆和圆弧的半径。该标注方式是 AutoCAD 新增的一个命令，它与半径标注方法相似，但需要指定一个位置代替圆或圆弧的圆心。

8. 直径标注

选择【标注】|【直径】命令，或在【标注】工具栏中单击【直径标注】按钮，可以标注圆和圆弧的直径。直径标注的方法与半径标注的方法相同。当选择需要标注直径的圆或圆弧后，直接确定尺寸线的位置，系统将按实际测量值标注出圆或圆弧的直径。

9. 圆心标记

选择【标注】|【圆心标记】命令，或在【标注】工具栏中单击【圆心标记】按钮，即可标注圆和圆弧的圆心。此时只需要选择待标注圆心的圆弧或圆即可。

圆心标记的形式可以由系统变量 DIMCEN 设置。当该变量的值大于 0 时，作圆心标记，且该值是圆心标记线长度的一半；当变量的值小于 0 时，画出中心线，且该值是圆心处小十字线长度的一半。

10. 角度标注

选择【标注】|【角度】命令，或在【标注】工具栏中单击【角度】按钮，都可以测量圆和圆弧的角度、两条直线间的角度，或者三点间的角度。

11. 引线标注

选择【标注】|【引线】命令，或在【标注】工具栏中单击【引线】按钮，都可以创建引线和注释，引线和注释有多种格式。

12. 坐标标注

选择【标注】|【坐标】命令，或在【标注】工具栏中单击【坐标标注】按钮，都可以标注相对于用户坐标原点的坐标。

13. 快速标注

选择【标注】|【快速标注】命令，或在【标注】工具栏中单击【快速标注】按钮，都可以快速创建成组的基线标注、连续标注、和坐标标注，快速标注多个圆、圆弧，以及编辑现有标注的布局。

11.17 编辑标注对象

在 AutoCAD 中，可以对已标注对象的文字、位置及样式等内容进行修改，而不必删除所标注的尺寸对象再重新标注。

1. 编辑标注

在【标注】工具栏中，单击【编辑标注】按钮，即可编辑已有标注的文字内容和设置位置。

2. 编辑标注文字的位置

选择【标注】|【对齐文字】命令中的子菜单，或在【标注】工具栏中单击【编辑标注文字】按钮，都可修改尺寸的文字位置。或直接在命令行中输入命令"DIMTEDIT"，利用该命令可调整标注文字的位置和倾斜角度。选择需要修改的尺寸对象后，命令行提示为"指定标注文字的新位置或[左(L)/右(R)/中心(C)/默认(H)/角度(A)]"。

默认情况下，可以通过拖动光标来确定尺寸文字的新位置，也可以输入相应选项，如图 11-9 所示。

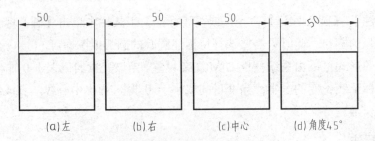

图 11-9　标注文字的新位置

使用 DDEDIT 命令，可以打开多行文字在位编辑器，以修改尺寸文字内容。如图 11-10 所示的样例。

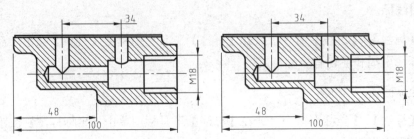

图 11-10　修改尺寸文字内容

3．替代标注

选择【标注】|【替代】命令可以临时修改尺寸标注的系统变量设置，并按该设置修改尺寸标注。该操作只对指定的尺寸对象作修改，且修改后不影响原系统的变量设置。

替代标注的步骤，命令行提示如下。

(1) 命令："DIMOVERRIDE"；

(2) 输入要替代的标注变量名或[清除替代(C)]：输入标注变量名，或输入 C 替代指定尺寸标注系统变量的值。

(3) 输入标注变量的新值<当前>：输入值并按 Enter 键结束。

4．更新标注

选择【标注】|【更新】命令，或在【标注】工具栏中单击【标注更新】按钮，都可以更新标注，使其采用当前的标注样式，利用该命令可以将当前标注样式应用于已创建的尺寸对象，并且一次可以更新多个尺寸对象。

5．尺寸关联

尺寸关联是指所标注尺寸与被标注对象有关联关系。如果标注的尺寸值是按自动测量值标注，且尺寸标注是按尺寸关联模式标注的，那么改变被标注对象的大小后，相应的标注尺寸也将发生改变，即尺寸界线、尺寸线的位置都将改变到相应的位置，尺寸值也改变成新的测量值。反之，改变尺寸界线起始点的位置，尺寸值也会发生相应变化。默认情况下，尺寸标注是按关联模式设置的。也就是说，当被标注对象的大小改变后，相应的标注尺寸、尺寸线、尺寸界线的位置都将发生改变，即能够自动更新。"尺寸关联"的样例如图 11-11 所示。

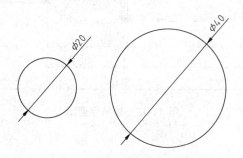

图 11-11 "尺寸关联"的样例图

 本章小结

通过学习了利用 AutoCAD 软件对建筑图形进行文字说明和尺寸标注。文字说明部分，主要涉及文字样式设置、单行文字、多行文字和特殊字符的输入及文本文字的编辑；尺寸标注部分，主要涉及尺寸标注样式设计、长度尺寸标注、径向标注、角度标注、弧长标注

及编辑尺寸标注。通过理论与实践相结合，对图形尺寸标注会有全面的认识并能进行操作，为后面综合项目实践的操作奠定基础。

实训练习

完成图 11-12 图纸的绘制。

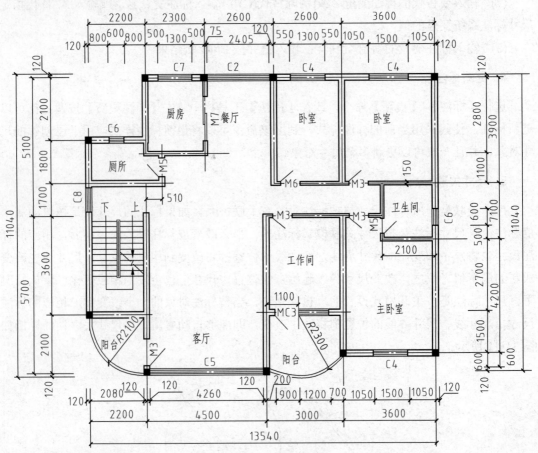

图 11-12　建筑平面图

实训工作单

班级		姓名		日期	
教学项目		施工详图的绘制			
任务	绘制某建筑图纸中的详图			工具	CAD
相关知识		创建和编辑文字及尺寸标注			
其他要求					
绘制流程记录					
评语				指导教师	

第 12 章课件.pptx

第 12 章 创 建 图 块

🛒 【教学目标】

- 块的基本设置
- 块的插入操作
- 块的管理编辑

创建块.mp4

🚶 【教学要求】

本章要点	掌握层次	相关知识点
定义块	基本定义	定义块
插入块	插入块的操作	插入块
管理块	定义管理属性	管理块

⚙ 【引子】

    在 AutoCAD 中，图块是将多个实体组合成一个整体，并对这个整体命名保存，在以后的图形编辑中图块就被视为一个实体。一个图块包括可见的实体，如线、圆、圆弧以及可见或不可见的属性数据。图块的运用可以帮助用户更好地组织工作，快速创建与修改图形，减少图形文件的大小，从而在绘图中为用户提供更多的便利。利用计算机还可以进行图形的编辑、放大、缩小、平移和旋转等有关的图形数据加工工作，本章节我们重点介绍图形块的创建设置。

12.1 块 的 设 置

12.1.1 定义块

    选择【绘图】|【块】|【创建】命令，打开【块定义】对话框，可以将已绘制的对象创建为块，如图 12-1 所示。

建筑工程制图与 CAD

图 12-1 【块定义】对话框

在对话框中，【名称】文本框用于确定块的名称；【基点】选项组用于确定块的插入基点位置；【对象】选项组用于确定组成块的对象。【设置】选项组用于进行相应设置。设置完成后，单击【确定】按钮，即可完成块的创建。

12.1.2 定义外部块

选择 WBLOCK 该命令，弹出【写块】对话框，如图 12-2 所示。在对话框中，【源】选项组用于确定组成块的对象来源；【基点】选项组用于确定块的插入基点位置；【对象】选项组用于确定组成块的对象。只有在【源】选项组中单击【对象】单选按钮后，这两个选项组才有效。【目标】选项组确定块的保存名称、保存位置。创建块后，块将以 DWG 格式保存，即以 AutoCAD 图形文件的格式保存。

音频：将块以单独的文件保存.mp3

图 12-2 【写块】对话框

12.2 插 入 块

选择【插入】|【块】命令，打开【插入】对话框，可以利用它在图形中插入块或其他图形，并且在插入块的同时还可以改变所插入块或图形的比例与旋转角度，如图12-3所示。

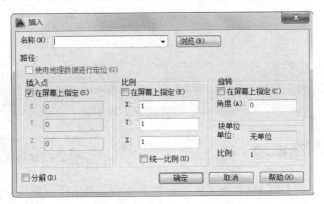

图 12-3 【插入】对话框

在对话框中，【名称】下拉列表框确定要插入块或图形的名称；【插入点】选项组确定块在图形中的插入位置；【比例】选项组确定块的插入比例；【旋转】选项组用于确定块插入时的旋转角度；【块单位】文本框显示有关块单位的信息。

通过【插入】对话框设置了要插入的块以及插入参数后，单击【确定】按钮，即可将块插入到当前图形。如果选择了在屏幕上指定插入点、插入比例或旋转角度，插入块时还应根据提示指定插入点、插入比例等。

12.3 编辑与管理块属性

12.3.1 定义属性

音频：定义属性.mp3

属性是从属于块的文字信息，是块的组成部分。

选择【绘图】|【块】|【定义属性】命令，弹出【属性定义】对话框，如图12-4所示。

在对话框中，【模式】选项组用于设置属性的模式；【属性】选项组中，【标记】文本框用于确定属性的标记(用户必须指定标记)；【提示】文本框用于确定插入块时，提示用户输入属性值的提示信息；【默认】文本框用于设置属性的默认值，用户在各对应文本框中输入具体内容即可。【插入点】选项组确定属性值的插入点，即属性文字排列的参考点。【文字设置】选项组确定属性文字的格式。确定了【属性定义】对话框中的各项选项后，单击对话框中的【确定】按钮，AutoCAD 完成一次属性定义，并在图形中按指定的文字样式、对齐方式显示出属性标记。用户可以用上述方法为块定义多个属性。

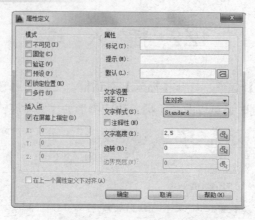

图 12-4　【属性定义】对话框

12.3.2　修改属性定义

选择【绘图】|【块】|【属性/块属性管理器】命令，弹出【块属性管理器】对话框，如图 12-5 所示。

图 12-5　【块属性管理器】对话框

单击【编辑】按钮，弹出【编辑属性】对话框，如图 12-6 所示。使用【标记】、【提示】和【默认】文本框分别用于编辑块中定义的标记、提示及默认值属性。

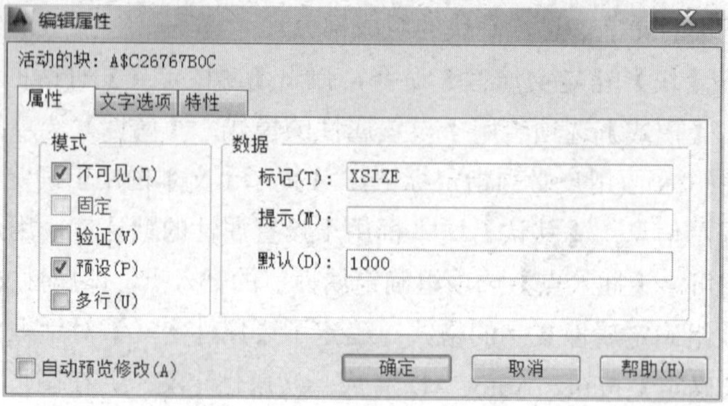

图 12-6　【编辑属性】对话框

12.3.3 编辑块属性

选择【修改】|【对象】|【属性】|【单个】命令，或在【修改Ⅱ】工具栏中单击【编辑属性】按钮，都可以编辑块对象的属性。在绘图窗口中选择需要编辑的块对象后，弹出【增强属性编辑器】对话框，如图12-7所示。

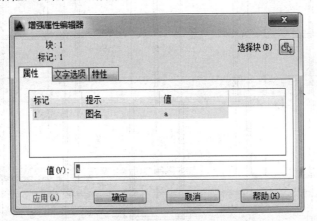

音频:编辑块属性.mp3

图 12-7　【增强属性编辑器】对话框

在对话框中，【属性】选项卡用于显示每个属性的标记、提示和值，并允许用户修改值；【文字选项】选项卡用于修改属性文字的格式；【特性】选项卡用于修改属性文字的图层以及它的线宽、线型、颜色及打印样式等。

 本章小结

通过本章的学习，了解块是一个或多个对象组成的对象集合，常用于绘制复杂、重复的图形。一旦一组对象组合成块，即可将该组对象插入到图中任意指定位置，而且还可以按不同的比例和旋转角度插入。在 AutoCAD 中，熟练使用块可以提高绘图速度、节省存储空间、便于修改图形。

 实训练习

利用"插入块"的方法绘制图中的门、窗，如图12-8所示。

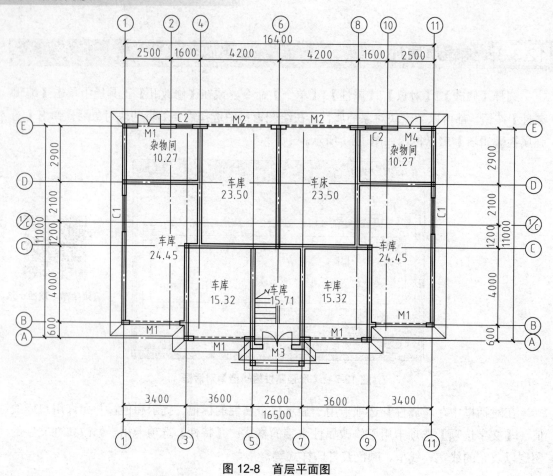

图 12-8 首层平面图

实训工作单

班级		姓名		日期	
教学项目		建筑施工图中图块的绘制			
任务	绘制建筑施工图中常用的图块		图纸类型	多层框架结构建筑施工图	
相关知识		图块的绘制			
其他要求					

绘制过程记录

评语				指导教师	

第 13 章课件.pptx

第 13 章　应用 AutoCAD 绘制建筑工程图样

【教学目标】

- 掌握 AutoCAD 绘制建筑平面图的方法和步骤
- 掌握 AutoCAD 绘制建筑立面图的方法和步骤
- 掌握 AutoCAD 绘制建筑剖面图的方法和步骤

应用 AutoCAD 绘制
建筑工程图样.mp4

【教学要求】

本章要点	掌握层次	相关知识点
绘制建筑平面图	独立完成建筑平面图的绘制	1.设置绘图环境 2.绘制墙体 3.绘制门窗楼梯 4.尺寸和文字标注
绘制建筑立面图	独立完成建筑立面图的绘制	1.设置绘图环境 2.绘制墙体 3.绘制门窗楼梯 4.尺寸和文字标注
绘制建筑剖面图	独立完成建筑剖面图的绘制	1.设置绘图环境 2.绘制墙体 3.绘制门窗楼梯 4.尺寸和文字标注

【引子】

　　建筑工程图样主要表明建筑物的外部形状、内部布置和装饰构造等情况，包括设计总说明、总平面图、平面图、立面图、剖面图和构造详图等。建筑施工图除了要符合投影原理以及正投影、剖面和断面等图示方法外，还应严格遵守《房屋建筑制图统一标准》(GB/T 50001—2017)、《总图制图标准》(GB/T 50103—2010)和《建筑制图标准》(GB/T 50104—2010)等建筑制图国家标准中的有关规定。本章主要学习运用 AutoCAD 绘制建筑工程图样的方法和步骤，重点是熟练应用绘图命令、编辑命令、图层的建立和设置，以及绘制建筑平面图、立面图、剖面图的方法和步骤，使建筑制图符合国家标准。

13.1 应用 AutoCAD 绘制建筑平面图

13.1.1 建筑平面图的基本知识

对于一套完整的建筑设计来说，其成败取决于建筑平面设计。

1. 建筑平面图的定义

建筑平面图是建筑施工图的基本样图，它是假设用一水平的剖切面沿门窗洞位置将房屋剖切后，对剖切面以下部分所作的水平投影图。它反映出房屋的平面形状、大小和布置，墙、柱的位置、尺寸和材料，门窗的类型和位置等。

音频：建筑平面图的定义.mp3

2. 建筑平面图的分类

(1) 地下室平面图：主要表示房屋建筑地下室的平面形状、各房间的平面布置及楼梯布置等情况。

(2) 首层平面图：首层平面图也叫底层平面图，表示房屋建筑底层的布置情况。底层平面图还需反映出室外可见的台阶、散水、花台、花池等。此外，还应标注剖切符号及指北针。

(3) 标准层平面图：对于多层建筑，一般每层都应有一个单独的平面图。但一般建筑常常是中间几层平面布置完全相同，这时就可以省掉几个平面图，只用一个平面图表示，这种平面图称为标准层平面图。

(4) 顶层平面图：即房屋最高层平面图，一般情况下，顶层的建筑与标准层大同小异，不同之处，主要为楼梯不同，楼梯不再向上或者楼梯的做法与标准层不同。但也有些建筑，为了增强建筑效果，设计时做了相当大的改动，甚至有些顶层是复式建筑。

(5) 屋顶平面图：屋顶平面图是在房屋的上方，向下作屋顶外形的水平投影而得到的投影图。该图应反映出屋面排水的方向、坡度、雨水管的位置、上人孔及其他建筑构、配件的位置等。

13.1.2 建筑平面图的绘制步骤

用 AutoCAD 绘制平面图的总体思路是先整体、后局部，具体绘制步骤如下。

(1) 创建图层，如墙体层、轴线层、柱网层等。

(2) 用 "Limits" 设置绘图区域的大小，也可绘制一个表示作图区域大小的矩形，单击标准工具栏上的放大镜按钮，将该矩形全部显示在绘图窗口中。分解该矩形，形成作图基准线。

(3) 用偏移和直线命令绘制水平及竖直的定位轴线。用多线命令绘制外墙体，形成平面图的大致轮廓。

(4) 绘制内墙体。

(5) 用偏移和修剪命令在墙体上绘制门窗洞口。

(6) 绘制门窗、楼梯及其他局部细节。

(7) 插入或绘制标准图框，并以绘图比例的倒数缩放图框。

(8) 标注尺寸，尺寸标注总体比例为绘图比例的倒数。

(9) 书写文字，文字字高为图纸的实际字高与绘图比例倒数的乘积。

13.1.3 设置绘图环境

在绘制建筑平面图之前，首先要对新建的图形进行绘图环境的设置，也就是要设置好该图形的绘图单位、图形界限以及不同的图层，以方便后续绘图工作的实施。绘图环境设置有以下内容。

1. 设置绘图单位

选择【格式】|【单位】命令，打开【图形单位】对话框。在【长度】选项组的【类型】下拉列表框中选择【小数】，【精度】下拉列表框中选择"0"，【角度】选项组的【类型】下拉列表中选择"十进制进度"，在下面的【精度】下拉列表框中选择"0"，在【用于缩放插入内容的单位】下拉列表框中选择【毫米】，在【用于指定光源强度的单位】下拉列表框中选择【常规】，单击【确定】按钮，完成配置，如图 13-1 所示。

图 13-1　【图形单位】对话框

2. 设置图形界限

图形界限就是指绘图区域的大小，其目的在于避免用户所绘制的图形超出范围。在界限中绘图，能更方便地对视图进行控制。选择【格式】|【图形界限】命令，根据命令行的提示进行设置，图形界限一般不宜太小，这里设置成 40000×40000，在命令行的提示下输入

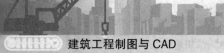

"0，0"，按 Enter 键，再输入"40000，40000"，然后按 Enter 键即可，如图 13-2 所示。

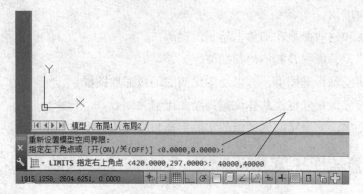

图 13-2 绘图界限的设置

3. 设置文字样式

选择【格式】|【文字样式】命令，打开【文字样式】对话框，单击【新建】按钮，打开【新建文字样式】对话框，填写样式名，如"样式 1"，单击【确定】按钮返回【文字样式】对话框，选中刚刚新建的文字样式，在【字体】选项组中勾选【使用大字体】复选框，在【大字体】下拉列表框中选择"Gulim"字体，在【高度】文本框中输入"300"，其他默认即可，单击【置为当前】按钮，弹出【当前样式已被修改。是否保存】提示语，单击【是】按钮，然后单击【关闭】按钮，完成对【文字样式】的设置，如图 13-3 所示。

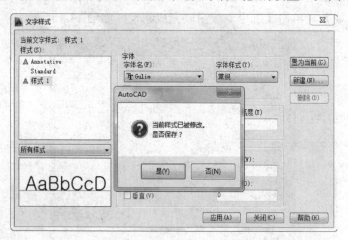

图 13-3 【文字样式】对话框

4. 设置标注样式

选择【格式】|【标注样式】命令，打开【标注样式管理器】对话框，单击【新建】按钮，打开【创建新标注样式】对话框，填写一个新样式名，如"1"，在【基础样式】一栏上选择"STANDARD"，其他默认，单击【继续】按钮，打开【新建标注样式：1】对话框，切换到【线】选项卡，输入合适的数值，这里数值为：【超出标记】0、【基线间距】300、【超出尺寸线】200、【起点偏移量】500，其他默认；切换到【符号和箭头】选项卡，

在箭头一栏【第一个】选择"建筑标记",【第二个】选择"建筑标记",【引线】选择"点",【箭头大小】选择"100",其他默认;再切换到【文字】选项卡,在【文字样式】选项上选择"STANDARD",【文字颜色】上选择"byLayer",【填充颜色】选择"byLayer",【文字高度】180,【从尺寸线偏移】120,其他默认;切换到【调整】选项卡,选中左边【文字或箭头(最佳效果)】和【尺寸线上方,不带引线】单选按钮,最后在"标注特征比例"选项组中选中【使用全局比例】单选按钮,输入比例值为"1",其他默认。设置完成后单击【确定】按钮,完成配置,如图 13-4 所示。

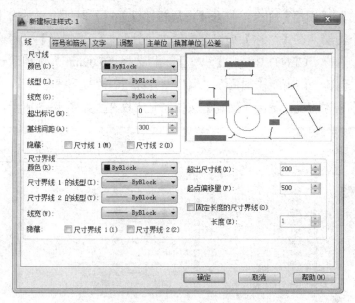

图 13-4 【新建标注样式:1】对话框

5. 设置图层

1) 图层的特性

AutoCAD 使用图层来管理和控制复杂的图形,即把具有相同特性的图形实体绘制在同一图层中,将各个图层组合起来,形成一个完整的图形。图层相当于没有厚度的透明纸,各层完全对齐,具有相同要求(如相同的线型、颜色、线宽、打印样式)的图形实体或者同一类型(如门窗类、定位轴线类、墙体线等)的图形实体被绘制在同一层上。图层具有以下性质。

(1) 可以在一幅图中规定任意数量的图层,每一层上可以有任意数量的实体。

(2) 每一层都有一个层名,建立一幅新图时,自动生成层名为"0"的图层,即"0"层为默认图层,该层不可以被删除或者重新命名,但是可以修改该层图形的线型、颜色和线宽等参数。

(3) 通常一个图层上的实体只能是一种线型、一种颜色和一种线宽,用户可以改变各图层的线型、颜色、线宽和状态。

(4) 所有图层中必须有且只能有一个图层为当前图层,所有的绘图操作都是在当前层上进行的,当前层可以通过工具栏或对话框进行设置和改变。

(5) 各层具有相同的坐标系、绘图界限以及显示时的缩放倍数，用户可对位于不同图层上的实体同时进行编辑操作。

(6) 每一层都有打开与关闭、冻结与解冻、锁定与解锁以及打印与否等状态属性，"0"层也可以执行这些操作。

2) 图层的设置

图层的设置包括建立新图层，删除不用图层，设置和生成当前层，改变指定层的颜色、线型、线宽和状态，列出一些或全部图层的层名、线型、颜色、线宽和状态。

选择【格式】|【图层】命令，打开【图层特性管理器】对话框，单击【新建】按钮，为轴线创建一个图层，在【名称】列表区中输入"轴线"，【颜色】一栏选择"红色"，【线型】一栏上选择"CENTER"，【线宽】一栏选择"0.09mm"其他默认。同理，采用同样的方法依次创建"门窗""图框""墙体""标注""柱""楼梯""阳台""散水""雨棚""其他"等图层，单击【确定】按钮，完成设置，如图 13-5 所示。

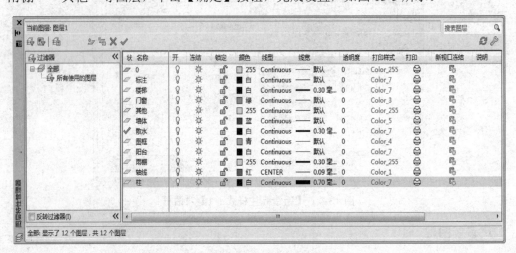

图 13-5　设置图层

13.1.4　绘制建筑平面图

1. 绘制定位轴线

绘制建筑平面图，首先要绘制定位轴线，轴线间距尺寸如图 13-6 所示。

(1) 设置【轴线】图层为当前图层。

默认情况下，【对象特性】工具栏的【图层属性列表】的当前图层为"0"图层，在该列表下选择"轴线"图层，如图 13-7 所示，右击选择【置为当前】，当前图层即成为【轴线】图层。

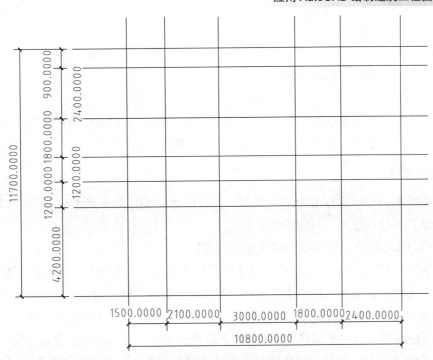

图 13-6　轴线间距尺寸

状	名称	开	冻结	锁定	颜色	线型	线宽	透明度	打印样式	打印	新视口冻结	说明
	0				□ 255	Continuous	—— 默认	0	Color_255			
	Defpoints				■ 白	Continuous	—— 默认	0	Color_7			
	标注				□ 黄	Continuous	—— 默认	0	Color_2			
	楼梯				■ 白	Continuous	—— 0.09 毫...	0	Color_7			
	门窗				■ 绿	Continuous	—— 默认	0	Color_3			
	其他				■ 8	Continuous	—— 默认	0	Color_8			
	墙体				■ 蓝	Continuous	—— 默认	0	Color_5			
	散水				■ 210	Continuous	—— 0.18 毫...	0	Color_210			
	图框				□ 青	Continuous	—— 默认	0	Color_4			
	阳台				■ 224	Continuous	—— 默认	0	Color_224			
	雨棚				□ 255	Continuous	—— 0.18 毫...	0	Color_255			
	轴线				□ 红	CENTER	—— 0.09 毫...	0				
	柱				■ 131	Continuous	—— 0.25 毫...	0	Color_131			

全部: 显示了 13 个图层,共 13 个图层

图 13-7　设置当前图层

(2) 绘制第一条竖向轴线。

在命令行输入"L",按 Enter 键,执行【直线】命令。打开【正交】功能,绘制一条长约 14000 的直线。

特别说明:不用过多考虑直线的长度,当所有轴线绘制完成后,如果发现太长或太短,可以利用【拉长】命令进行处理。

(3) 偏移生成竖向轴线。

在命令行输入"O",按 Enter 键,执于【偏移】命令,设置"偏移距离= 1500"向右偏移成第二条竖向轴线。重复执行【偏移】命令,可得出所有竖向轴线。

(4) 绘制水平轴线。

使用【直线】命令并配合【正交】功能，绘制一条贯穿所有竖向轴线的水平轴线，再使用【偏移】命令绘制其他水平轴线。

(5) 裁剪轴线。

为使图面简洁、便于观察和减少绘制墙线出错，可将过长的轴线进行裁剪，可选择【打断】命令、【修剪】命令或者【夹点编辑法】命令进行裁切。

2. 绘制墙体

墙体的绘制，可以执行 L 命令来绘制，也可以执行 ML 命令来绘制，这里采用绘制多线的方式来讲解绘图过程，具体步骤如下。

(1) 执行 LA 命令，将墙体图层【置为当前】。

(2) 执行 "MLSTYLE" 命令或选择【格式】|【多线样式】命令，打开【多线样式】对话框，单击【新建】按钮，打开【创建新的多线样式】对话框，输入新样式名为 "120" 基础样式上选择 "STANDARD"，然后单击【继续】按钮，打开【新建多线样式：120】对话框，修改偏移尺寸为向上偏移 "60"，向下偏移 "-60"，其他默认，单击【确定】按钮，返回到【多线样式】对话框，同样地，单击【新建】按钮，打开【创建新的多线样式】对话框，输入新样式名为 "240"，在基础样式上选择 "STANDARD"，然后单击【继续】按钮，打开【新建多线样式：240】对话框，修改偏移尺寸为向上偏移 "120"，向下偏移 "-120"，其他默认，单击【确定】按钮，返回到【多线样式】对话框，将多线样式 "240" 置为当前，单击【确定】按钮即可。

(3) 执行 ML 命令，根据提示指定起点或[对正(J)/比例(S)/样式(ST)]时输入 "J"，选择对正类型为 "无"，根据提示绘制墙体线。

(4) 通过 "MLSTYLE" (多线修改命令)命令完成对多线的修改，双击多线也可以快速打开【多线编辑工具】对话框，进行多线的编辑，编辑前图形如图 13-8 所示。

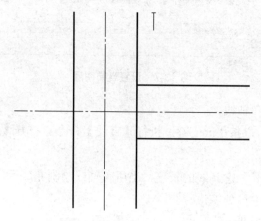

图 13-8　编辑前的显示效果

双击该节点处任一多线，打开【多线编辑工具】对话框，如图 13-9 所示。选择多线编辑工具，该节点处多线相交方式为"T"字形，所以选择"T 形打开"。根据提示选定第一条多线为节点处其中一条直线，然后再根据提示选择第二条多线为另外一条直线，按 Enter 键，完成后效果如图 13-10 所示。

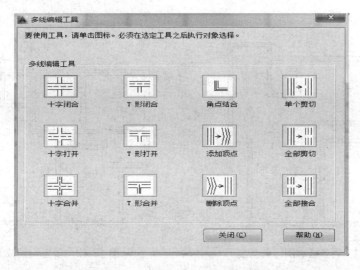

图 13-9　【多线编辑工具】对话框

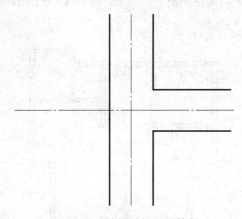

图 13-10　编辑后的显示效果

(5) 重复多线编辑命令，修改多线交接点处，对于一些打散的部分，执行 TR 和 L 命令修改即可，最后完成整个墙体。

3. 绘制门窗

首先将"门窗"图层设置为当前图层。

1) 绘制门

(1) 首先绘制门洞。绘制门洞同样使用【多线】命令，在绘制之前需要设置【比例】、【对正】两个参数。比例按"大门 1000，房间门 900，卫生间门 700"等考虑(客厅通阳台门宽 3000)，看 CAD 的坐标而定，"右上"为正，"左下"为负，这里门的尺寸对正按"下"

考虑(客厅通阳台门按"无")。绘制时用鼠标捕捉墙线交点(客厅通阳台门按"中点"),在【正交】状态下,拉出门洞绘制方向,然后输入 240(同墙厚),按 Enter 键。所绘制的图形,如图 13-11 所示。

(2) 修正门洞位置。使用【移动】命令,将需要做门垛的门洞线进行移动,移动大小为门垛的宽度,如图 13-12 所示。

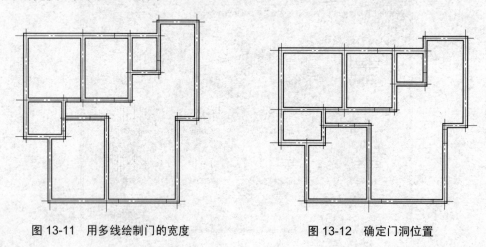

图 13-11 用多线绘制门的宽度   图 13-12 确定门洞位置

(3) 开洞口。开洞口时需要将所有多线全部"分解(EX-PLODE)",再利用"修剪(TRIM)"命令进行修剪,如图 13-13 所示。

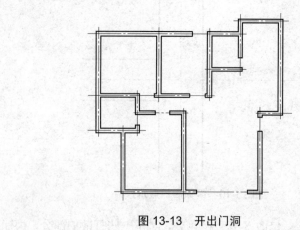

图 13-13 开出门洞

(4) 绘制"平开门"。选择一个房间门,先绘制一个矩形(宽 30,长 900)作为门扇平面图,如图 13-14(a)所示。再利用对象捕捉命令绘制一个圆弧,如图 13-14(b)所示。最后在【绘图】工具栏中选择【创建块】命令,创建【门】图块,如图 13-14(c)所示。

(5) 插入"门"图块。在【绘图】工具栏中选择【插入块】命令配合【对象捕捉】命令完成其他门扇的绘制。对于不同的门宽及开启方向,可在【插入】对话框中设置【缩放比例】和【旋转】的方法完成。

(6) 绘制推拉门。四扇推拉门是由四个矩形构成的,在确定好每扇门的尺寸(厚 30,长

750)后，可以配合【复制】和【对象捕捉】命令直接绘制，结果如图 13-15 所示。

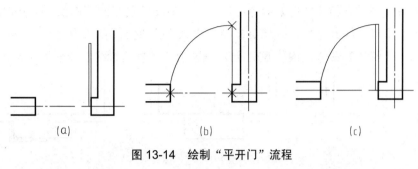

图 13-14　绘制"平开门"流程

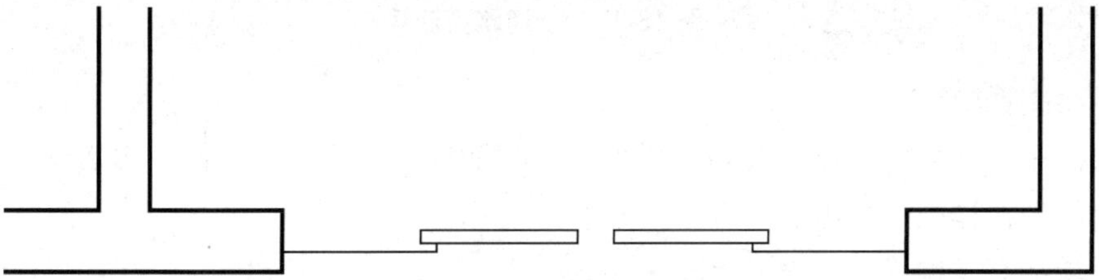

图 13-15　绘制的四扇推拉门

2)　绘制窗

(1) 开窗洞。与开门洞口方法相似，使用【多线】命令绘制窗洞线。当窗洞置于墙中间时，捕捉点设为中点，由房间内墙线向外绘制长 240；当窗洞未置于墙中间时，绘制方法同门洞口。

(2) 绘制平面窗多线样式。继续应使用【多线】命令绘制平面窗多线样式，设捕捉点为中点，多线比例为 80，对正方式为"无"，绘制范围为两条窗洞线间。创建的平面窗结果如图 13-16 所示。

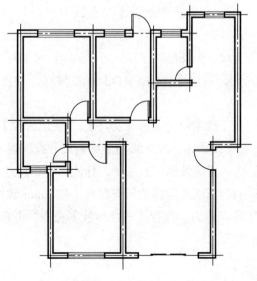

图 13-16　创建的窗平面图

(3) 绘制不规则平面飘窗。

① 选择【删除】和【修剪】命令，修改要做飘窗的窗平面，如图 13-17(a)所示。

② 执行【多段线】命令，绘制飘窗的内边缘线(外挑 500)，如图 13-17(b)所示。

③ 执行【偏移】命令，偏移 60，创建飘窗的两条外边缘线，如图 13-17(c)所示。

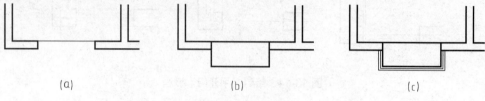

(a)   (b)   (c)

图 13-17 创建飘窗流程

3) 绘制楼梯

楼梯部分是多层建筑的主要组成构件，在平面图上必须绘制清楚，多数情况下还需要绘制必要的楼梯详图，具体的操作步骤如下。

(1) 切换至【楼梯】图层。

(2) 执行 L(直线)、AR(阵列)、TR(修剪)等命令，根据提示绘制楼梯。

4) 绘制建筑物的其他细部

建筑细部主要包括阳台、雨水管、雨棚、室外走廊、台阶、散水、指北针等，在此平面图中主要包括了台阶、散水和指北针等，运用所学基本绘图命令和编辑命令进行绘制即可，此处不再赘述。

13.1.5 尺寸标注

对于套型相同且平面组合为直线型时，在套型设计时应先标注尺寸，则后面的操作就会方便快捷；若套型不尽相同或者平面组合不是直线型时，平面组合结束后再标注尺寸较好。

(1) 设置当前图层为【尺寸】图层；

(2) 设置【标注样式】。新建【建筑 CAD】标注样式，并将其样式设置为当前标注样式。

(3) 标注轴线尺寸。在下拉菜单中选择【标注】|【快速标注】命令，用光标选择要标注的轴线，按 Enter 键结束选择状态，向下移动鼠标到尺寸线位置，单击左键。

(4) 标注门窗尺寸。选择【线性标注】命令，标注第一个尺寸后，再选择【连续标注】命令，连续捕捉外墙门窗的洞边线及同侧的所有轴线，按 Enter 键即可。

(5) 标注建筑两端轴线间距离。执行【线性标注】命令，并配合【对象捕捉】即可。标注显示效果如图 13-18 所示。

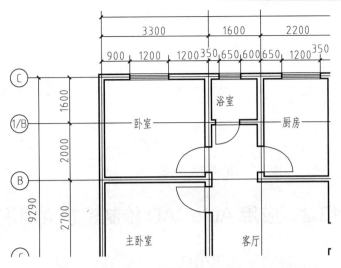

图 13-18   标注的显示效果

13.1.6   绘制图幅、图框、图表

绘制图幅、图框、图表的具体步骤如下。

(1)   执行 LA 命令，打开【图层特性管理器】对话框，将【图幅】图层设置为当前。

(2)   执行 REC 命令，根据提示在空白区域绘制一个尺寸为 297×420 的矩形。

(3)   执行 O 命令，将矩形向内偏移 10。

(4)   单击内侧图框，选择左侧直线中心点，指定拉伸点，按 Ctrl 键向右拉伸，输入 15，按 Enter 键，效果如图 13-19 所示。

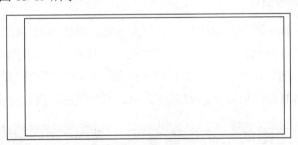

图 13-19   图框

(5)   切换至【标题栏外框】图层，执行 REC 命令，在已绘制好的矩形内部绘制一个大小为 200×30 的矩形；然后切换至【标题栏分隔】图层，执行 L、O、EX、TR 等命令，绘制好标题栏分隔线，如图 13-20 所示。

(6)   选中图框、图幅、图表，执行 SC(缩放)命令，将图形放大 100 倍。

(7)   填写标题栏中有关文字内容，如图名、日期、比例等信息，并设置字体大小。

(8)   选中已经绘制好的平面图，执行 M(移动)命令，将平面图移动到图框内合适的位置，即完成绘图。

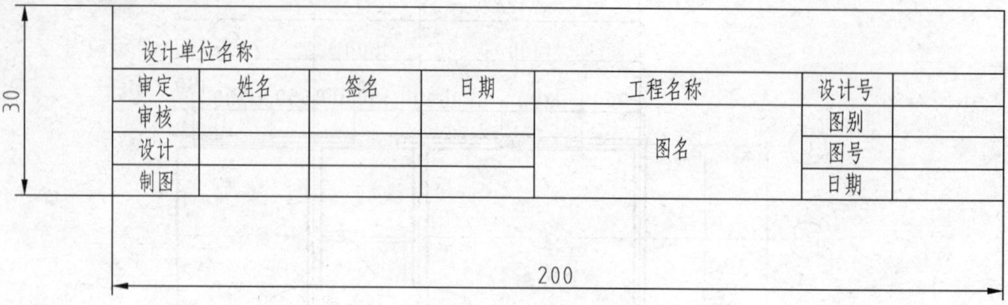

设计单位名称						
审定	姓名	签名	日期	工程名称	设计号	
审核					图别	
设计				图名	图号	
制图					日期	

200

图 13-20　标题栏具体尺寸

13.2　应用 AutoCAD 绘制建筑立面图

13.2.1　建筑立面图的基本知识

音频：建筑立面图
的定义.mp3

1. 建筑立面图的定义

建筑立面图是建筑物与建筑物立面平行的投影所得的正投影图，它明确展示了建筑物的外貌和外墙装饰材料的要求，是建筑物施工中进行高度控制的技术依据。一般建筑物的四个立面都要绘制出相应的立面图(复杂建筑视情况而定，原则上每一侧都要绘制一个立面图)。但当建筑物各侧立面图比较简单或者有相同的立面图时，可以只绘制主要的立面图。当建筑物有曲线或折线形的侧面时，可以将曲线或折线形的侧面绘制成展开立面图，从而更加清晰地反映建筑物的实际情况。

2. 建筑立面图的分类

建筑立面图应根据立面图两端的轴线编号来命名，例如 A-H 立面图。将建筑物主要出入口所在的立面，或者外墙面装饰反映建筑物外面特征的立面作为主要立面，这称为正立面，其投影为正立面图。与此相呼应的有背立面图、左侧立面图和右侧立面图等。当然还可以以建筑物侧立面的朝向来命名，如东立面图、南立面图、西立面图和北立面图等。

13.2.2　建筑立面图的绘制步骤

可将平面图作为绘制建筑立面图的辅助图形。先在平面图上绘制竖直投影线，将建筑物主要特征投影到立面图上，然后再参照立面标高绘制立面图的各部分细节。绘制建筑立面图的具体步骤如下：

(1) 创建图层，如建筑轮廓层、窗洞层及轴线层等。

(2) 通过外部引用方式将建筑平面图插入到当前图形中；或打开已有的平面图，将其另存为一个文件，以此文件为基础绘制立面图；也可用复制粘贴功能从平面图中获取有用的信息。

(3) 在平面图绘制建筑物轮廓的竖直投影线，再绘制地平线、屋顶线等，这些线构成

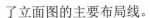

了立面图的主要布局线。

(4) 利用投影线形成各层门窗洞口线。

(5) 以布局线为作图基准线，绘制墙面细节。

(6) 插入标准图框，并以绘图比例的倒数缩放图框。

(7) 标注尺寸，尺寸标注总体比例为绘图比例的倒数。

(8) 书写文字，文字字高为图纸的实际字高与绘图比例倒数的乘积。

13.2.3 设置绘图环境

下面以图 13-21 为例，具体介绍建筑立面图的画法。

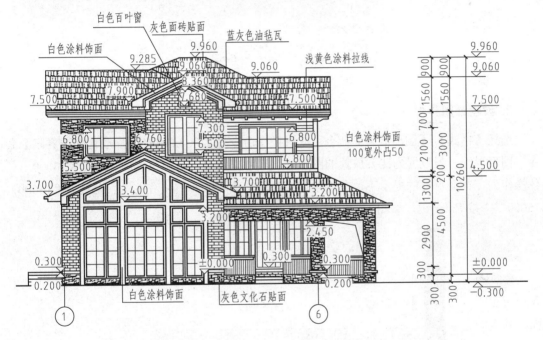

图 13-21 别墅南立面图

在绘制立面图前，首先要设置绘图环境，也就是要设置好该图形的绘图单位、图形界限以及不同的图层。具体操作如下。

1. 设置绘图单位

选择【应用程序】|【图形实用工具】|【单位】命令，弹出【图形单位】对话框(可直接执行 UN 命令)，如图 13-22 所示。在【长度】选项组的【类型】下拉列表框中选择"小数"，【精度】下拉列表框中选择"0"；在【角度】选项组的【类型】下拉列表框中选择"十进制度数"，在下面的【精度】下拉列表框中选择"0"，在【用于缩放插入内容的单位】下

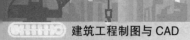

拉列表框中选择"毫米"选项,在【用于指定光源强度的单位】下拉列表框中选择常规,单击【确定】按钮完成配置。

图 13-22 【图形单位】对话框

2. 设置绘图界限

选择【格式】|【图形界限】命令,或直接在命令行输入 LIMITS,启动【图形界限】命令,图形界限一般设置为比要放置的图形最大尺寸略大些,这里设置成 15000×15000。具体操作为,在命令行的提示下,左下角点使用默认值"0,0",右上角点设置为"15000,15000",按 Enter 键,如图 13-23 所示。

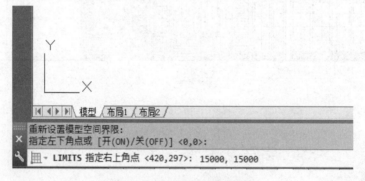

图 13-23 绘图界限的设置

3. 设置文字样式

选择【格式】|【文字样式】命令,弹出【文字样式】对话框,单击【新建】按钮,弹出【新建文字样式】对话框,填写样式名,如"样式1",然后单击【确定】按钮,返回【文字样式】对话框,选中新建的文字样式,在【字体】选项组中勾选【字体名】复选框,在下拉列表框中选择"Arial"字体,其他默认即可,所有设置完成后,单击【置为当前】按钮,弹出【当前样式已被修改。是否保存】对话框,单击【是】按钮,然后单击【关闭】按钮,完成对【文字样式】的设置,如图 13-24 所示。

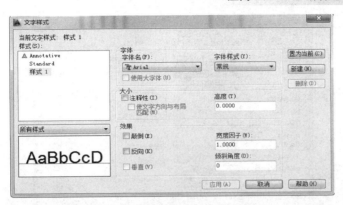

图 13-24 【文字样式】对话框

4. 设置标注样式

选择【格式】|【标注样式】命令，打开【标注样式管理器】对话框，单击【新建】按钮，打开【创建新标注样式】对话框，在【新样式名】文本框中输入 1，在【基础样式】下拉列表框中选择"IS0-25"，其他默认，单击【继续】按钮，如图 13-25 所示。

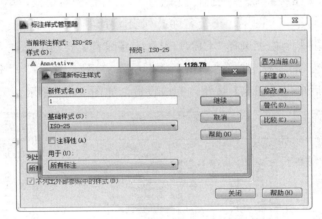

图 13-25 【标注样式管理器】对话框

弹出【新建标注样式：1】对话框，切换到【线】选项卡，输入合适的数值；这里根据图形比例输入数值为：【超出标记】0、【基线间距】300、【超出尺寸线 300】、【起点偏移量】100，其他默认；切换到【符号和箭头】选项卡，在箭头选项组中的【第一个】下拉列表框中选择"【建筑标记】，【第二个】下拉列表框中选择【建筑标记】，【引线】下拉列表框中选择"点"，【箭头大小】微调框中选择"100"，其他默认；再切换到【文字】选项卡，在【文字样式】选项上选择"Standard"，【文字颜色】上选择"ByLayer"，【填充颜色】选择"ByLayer"，【文字高度】200，【从尺寸线偏移】其他默认；然后切换到【调整】选项卡，选中【文字或箭头(最佳效果)】和【尺寸线旁边】单选按钮，最后在【标注特征比例】选项组中选中【使用全局比例】单选按钮，并输入比例值为"1"，其他默认。设置完成后单击【确定】按钮，如图 13-26 所示。

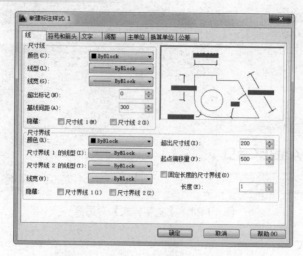

图 13-26　【新建标注样式：1】对话框

5. 设置图层

选择【格式】|【图层】命令，打开【图层特性管理器】对话框，单击对话框中的【新建】按钮，为轴线创建一个图层，在【名称】列表区中输入"轴线"，【颜色】一栏上选择"红色"，【线型】一栏上选择"CENTER"，【线宽】一栏上选择"0.09mm"，其他默认。采用同样的方法依次创建好"门窗""图框""墙""标注""地坪线"等图层，所有图层创建完成后单击【确定】按钮，完成设置，如图 13-27 所示。

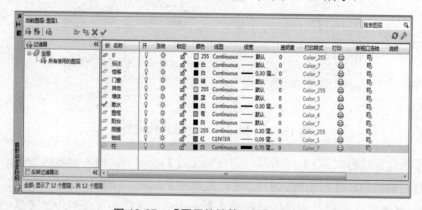

图 13-27　【图层特性管理器】对话框

13.2.4　绘制建筑立面图

建筑立面图的图形绘制步骤如下。

(1) 根据标高画出室外地面线和屋面线的位置，再画出主要定位轴线和轮廓线，如图 13-28 所示。

(2) 根据尺寸画出门窗、阳台等建筑构配件的轮廓线，如图 13-29 所示。

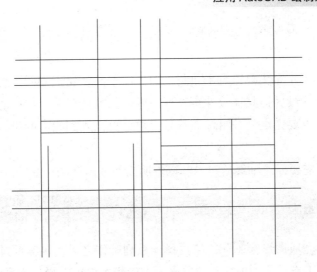

图 13-28　画出室外地面线、定位轴线、主要轮廓线、屋面线

图 13-29　画出门窗、阳台等建筑构配件的轮廓线

(3) 完善图形细节，如图 13-30 所示。

图 13-30　完善建筑细部

13.2.5 尺寸标注

建筑立面图上尺寸标注与建筑平面图上的标注不同，建筑立面图大多只标注标高，当然对于初学者来说，最好把具体尺寸全部标注好，以方便识图。标高的标注方法和建筑平面图的方法相同，也要先定义几组标高符号土块，再插入到相应的位置，详细操作方法不再赘述。

在立面图中，需要标注轴线的符号，以表明立面图所在的位置。

13.2.6 绘制图幅、图框、图表

建筑立面图在完成图形绘制和文字注释一系列工作之后，也需要进行图幅、图框、图表等的绘制和填写工作，此项内容与建筑平面图的相关内容的操作步骤一致，可参照执行。

13.3 应用 AutoCAD 绘制建筑剖面图

13.3.1 建筑剖面图的基本知识

在开始绘制建筑剖面图之前，先要了解关于建筑剖面图的基础知识。

1. 建筑剖面图的定义

建筑剖面图是用一假想的平面将房屋剖切开，以便于观察建筑的材料、位置、形状等有关内容。建筑剖面图、建筑立面图、建筑平面图是相互配套的整体，都是表达建筑设计相关内容的基本样图之一。

建筑剖面图在剖切的位置上有一定的讲究，一般剖切平面应平行于建筑物长向或建筑物短向，并在建筑平面图上标明剖切的具体位置。对于建筑物剖面图的个数，一般简单的建筑物绘制 1～2 个即可，对于复杂的建筑物，应根据具体的构造确定剖面图的个数，从不同的角度确定剖面图的个数，并辅助以文字说明，对于对称的建筑物，可绘制半剖视图，并加以一定的文字说明。

音频：建筑剖面图的位置选择.mp3

2. 建筑剖面图的分类

建筑剖面图的分类不像建筑立面图的分类那么明显，主要是以建筑物被剖切到的位置加以一定数字来表示，如1—1剖面图、2—2剖面图等，具体数字要在相关图样上标出。

13.3.2 建筑剖面图的绘制步骤

利用三面投影图的作图原理，将平面图、立面图作为绘制剖面图的辅助图形。将平面图旋转900。并布置在适当位置，在平面图、立面图上绘制竖直及水平的投影线，以形成剖

面图的主要特征,然后绘制剖面图各部分细节。

绘制剖面图的主要步骤如下:

(1) 创建图层,如墙体层、楼面层及构造层。

(2) 将平面图、立面图布置在一个图形中,以这两个图为基础绘制剖面图。

(3) 从平面图、立面图绘制建筑物轮廓的投影线,修剪多余线条,形成剖面图的主要布局线。

(4) 利用投影线形成门窗高度线、墙体厚度线及楼板厚度线。

(5) 以布局线为作图基准线,绘制已选择要剖切的墙面的细节。

(6) 插入标准图框,并以绘图比例的倒数缩放图框。

(7) 标注尺寸,尺寸标注总体比例为绘图比例的倒数。

(8) 书写文字,文字字高为图纸的实际字高与绘图比例倒数的乘积。

13.3.3 设置绘图环境

1. 设置绘图单位

选择【格式】|【单位】命令,或在命令行中输入 UNITS(UN),弹出【图形单位】对话框,在【长度】选项组中的【类型】下拉列表中选择"小数",【精度】下拉列表中选择"0";【角度】选项组中的【类型】下拉列表中选择"十进制度数"。如图 13-31 所示。

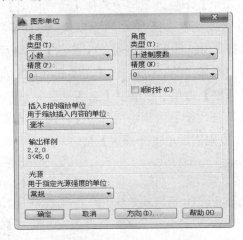

图 13-31 【图形单位】对话框

2. 设置图层

建筑工程中的墙体、门窗、楼、设备、尺寸、标注等不同的图形具有不同的属性。为了便于管理,把具有不同属性的图形放在不同的图层上进行处理。先要创建图层。选择【格式】|【图层】命令,或在命令行中输入"LAYET"(LA),弹出【图层特性管理器】对话框。根据首层平面,建立如下图层:墙体、轴线,楼梯、门窗、标注 5 个图层,如图 13-32 所示。

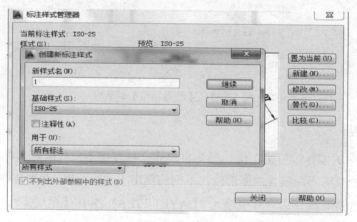

图 13-32 【图层特性管理器】对话框

3. 设置标注样式

选择【格式】|【标注样式】命令，打开【标注样式管理器】对话框，单击【新建】按钮，打开【创建新标注样式】对话框，在【新样式名】文本框中输入"1"，在【基础样式】下拉列表框中选择"ISO-25"，其他默认，单击【继续】按钮，如图 13-33 所示，打开【新建标注样式：1】对话框，切换到【线】选项卡，填入合适的数字，这里根据图形比例填写数字为：【超出标记】0、【基线间距】300、【超出尺寸线】300、【起点偏移量】100，其他默认；切换到【符号和箭头】选项卡，在【箭头】选项组的【第一个】下拉列表框中选择【建筑标记】，【第二个】下拉列表框中选择【建筑标记】，【引线】下拉列表框中选择【点】，【箭头大小】微调框中选择 100，其余默认；再切换到【文字】选项卡，在【文字样式】下拉列表框中选择"Standard"，在【文字颜色】下拉列表框中选择"ByLayer"，【填充颜色】下拉列表框中选择"ByLayer"，【文字高度】200，【从尺寸线偏移】120，其他默认；然后切换到【调整】选项卡，选中【文字或箭头(最佳效果)】和【尺寸线旁边】单选按钮，最后在【标注特征比例】选项组中选中【使用全局比例】单选按钮，输入比例值为"1"，其余默认，设置完成后单击【确定】按钮，完成配置，如图 13-34 所示。

图 13-33 【创建新标注样式】对话框

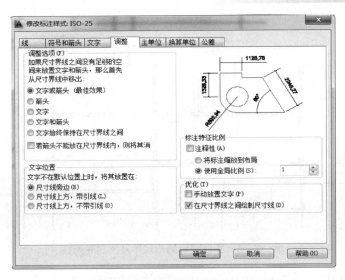

图 13-34　【修改标注样式】对话框

13.3.4　绘制建筑剖面图

设置好绘图环境后，就可以开始进行建筑剖面图的绘制了，首先要绘制建筑物被剖切到的主要轮廓，再绘制出建筑物细部，绘制剖面图轮廓的一般步骤如下。

（1）根据剖切符号的位置，画出被剖切到的墙、柱的定位轴线、室外地面以及楼面、屋面、楼梯平台等处的位置线和未剖到的外墙轮廓线。

（2）根据墙体、楼面、屋面以及门窗洞和洞间墙的尺寸画出墙、柱、楼面等断面和门窗的位置。

（3）画出楼梯段、阳台、雨棚以及未剖切到的内门等可见建筑构配件的轮廓。

（4）画出楼梯栏杆、门窗等细部。绘图过程如图 13-35、图 13-36 所示。

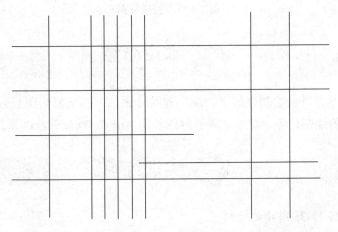

图 13-35　画出剖面图的定位轴线及某些主要轮廓位置线

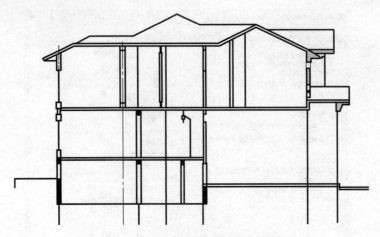

图 13-36　画出剖切到的墙体及主要轮廓线

(5) 完成相应的文字和尺寸的标注，完成的图样如图 13-37 所示。

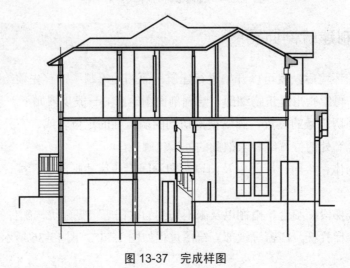

图 13-37　完成样图

本章小结

通过本章的学习掌握绘制建筑平面图、建筑立面图、建筑剖面图的方法和步骤，并能完成建筑平面图的绘制任务，使学生能够熟练使用 AutoCAD 软件绘制建筑图。

实训练习

一、完成如图 13-38 所示的绘制。

二、完成如图 13-39 所示的绘制。

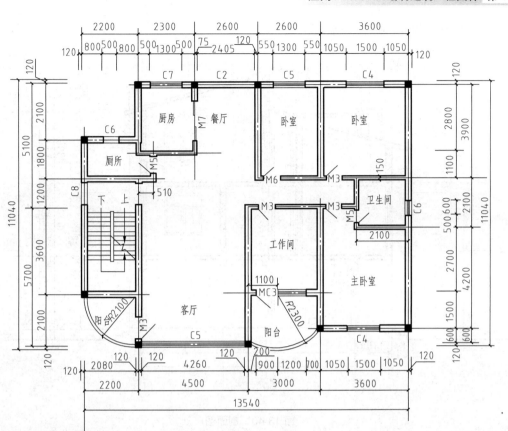

图 13-38　平面图

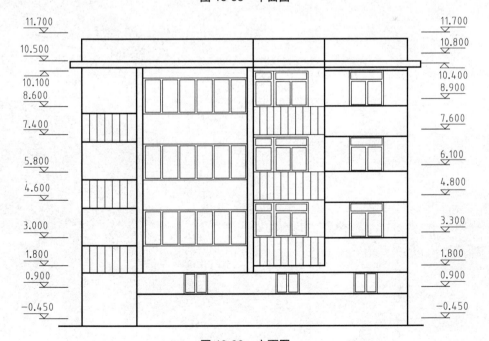

图 13-39　立面图

三、完成如图 13-40 所示的绘制。

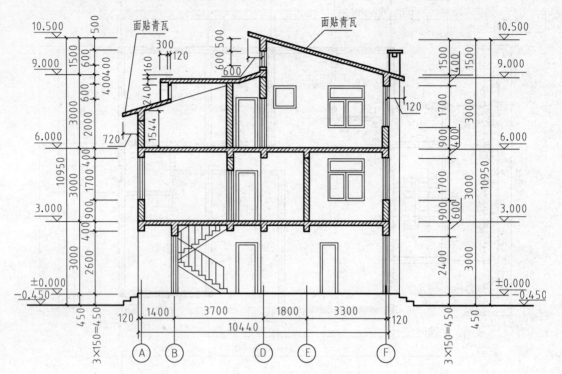

图 13-40　剖面图

实训工作单

班级		姓名		日期	
教学项目		建筑施工图绘制			
任务	绘制一套完整的建筑施工图		图纸类型	多层框架结构建筑施工图	
相关知识			建筑平面图、立面图、剖面图的识读和绘制		
其他要求					
读图、绘制过程记录					
评语				指导教师	

参 考 文 献

[1] 唐新．建筑装饰制图[M]．北京：化学工业出版社，2010．

[2] 刘海兰．机械识图与制图[M]．北京：清华大学出版社，2010．

[3] 孙世青．建筑制图[M]．北京：科学出版社，2008．

[4] 梁鲜，曹洁．建筑工程制图与 CAD[M]．北京：中国建材工业出版社，2012．

[5] 刘吉新．建筑 CAD[M]．哈尔滨：哈尔滨工业大学出版社，2012．

[6] 姜勇．从零开始(AutoCAD 2006 中文版)建筑制图基础培训教程[M]．北京：人民邮电出版社，2009．

[7] 杨李福，段准．建筑 CAD[M]．武汉：中国地质大学出版社，2008．

[8] 丁宇明．土建工程制图[M]．北京：高等教育出版社，2009．

[9] 叶晓芹，毛家华．建筑工程制图[M]．重庆：重庆大学出版社，2009．

[10] 马光红，伍培．建筑制图与识图[M]．北京：中国电力出版社，2010．

[11] 陈国瑞．建筑制图与 AutoCAD[M]．北京：中国电力出版社，2010．

[12] 刘志麟．建筑制图[M]．北京：机械工业出版社，2011．

[13] 郑贵超，赵庆双．建筑构造与识图[M]．北京：中国人民大学出版社，2012．